Digital Disruption

Wie Sie Ihr Unternehmen auf das digitale
Zeitalter vorbereiten

von

Kurt Matzler

Franz Bailom

Stephan Friedrich von den Eichen

Markus Anschober

Verlag Franz Vahlen München

Univ.-Prof. Dr. Kurt Matzler
Professor an der Freien Universität Bozen, Gastprofessor an der Universität Innsbruck, wissenschaftlicher Leiter Executive MBA-Programm MCI in Innsbruck, Gesellschafter IMP (Innovative Management Partner) sowie Leitung IMP Network of Excellence

Dr. Franz Bailom
Gründungspartner IMP & Gesellschafter

Prof. Dr. Stephan Friedrich von den Eichen
Geschäftsführer IMP Deutschland, Managing Partner IMP Gruppe (Sprecher) Honorarprofessor für Organisations-, Management- & Geschäftsmodellinnovation, Universität Bremen (LEMEX)

Mag. Markus Anschober
Geschäftsführer IMP Österreich,
Managing Partner IMP Gruppe

ÜBER INNOVATIVE MANAGEMENT PARTNER (IMP)
Mit Büros in München, Innsbruck, Zürich, Wien, Shanghai und Sao Paulo steht IMP für einzigartige, stimmige und zukunftsfähige Geschäftsmodelle (Geschäftslogik-Ansatz). Die Lösungen im Sinne eines „Besser", „Anders" oder „Besser ganz anders" entstehen durch strukturiertes Einbinden internen & externen Wissens (Open Management-Ansatz). Inhaltlich geht es einerseits um das Durchleuchten und Optimieren bestehender Geschäftsmodelle. Als Co-Innovator steht IMP andererseits für das Neugestalten (disruptiver) Geschäftslogiken, deren Umsetzung, Betrieb und Kapitalisierung.

ISBN 978 3 8006 5378 2

© 2016 Verlag Franz Vahlen GmbH,
Wilhelmstr. 9, 80801 München
Satz: Fotosatz Buck
Zweikirchener Str. 7, 84036 Kumhausen
Druck und Bindung: Nomos Verlagsgesellschaft mbH & Co. KG
In den Lissen 12, 76547 Sinzheim
Umschlaggestaltung: Ralph Zimmermann – Bureau Parapluie
Gedruckt auf säurefreiem, alterungsbeständigem Papier
(hergestellt aus chlorfrei gebleichtem Zellstoff)

Vorwort

Die Digitalisierung bringt uns in eine spannende neue Zeit. Vieles wird sich ändern: Vieles zum Guten, Manches wird aber auch mit Risiken verbunden sein. Jedenfalls kommt einiges an Neuem auf uns zu. Um diese Veränderungen geht es in diesem Buch. Es geht um Muster, die sich herauskristallisieren, es geht um disruptive Brüche und es geht um Strategien, damit erfolgreich umzugehen. Prognosen wie „50 Prozent der Jobs werden verschwinden" oder „40 Prozent der heutigen Unternehmen werden in einigen Jahren nicht mehr existieren" sind alarmierend. Bei manchen lösen sie Angst aus, andere sehen die Zukunft als große Chance. Noch nie war es so einfach, eine große Idee zu entwickeln, ein Unternehmen zu gründen und gleich die ganze Welt als potenziellen Markt zu erobern. Noch nie waren aber auch die Gefahren so groß, von neuen, disruptiven Geschäftsmodellen und Konkurrenten vom Markt gedrängt zu werden. Disruption ist, um mit Schumpeter zu sprechen, „kreative Zerstörung". Altes wird zerstört, Neues – Besseres oder Anderes – entsteht.

Der erste Teil dieses Buches beschäftigt sich mit einzelnen Technologien und Entwicklungen. Es zeigt unterschiedliche Muster der digitalen Transformation auf und zeigt, welche Herausforderungen diese mit sich bringen. Im zweiten Teil beschreiben wir, wie Unternehmen sich auf die digitale Transformation einstellen können und wie Strategie-, Innovations- und Führungsprozesse sich ändern müssen.

Der holländische Schachmeister Jan Hein Donner wurde einmal gefragt, was denn seine Strategie wäre, wenn er gegen IBM Deep Blue antreten müsste (1996 wurde Gary Kasparov von IBM Deep Blue geschlagen). Er dachte kurz nach und sagte: „Ich würde einen Hammer mitbringen …".

So kann man mit der digitalen Transformation natürlich auch umgehen. Kurzfristig mag es vielleicht helfen, langfristig sicher nicht. Mittlerweile weiß man aber auch, dass der beste Schachspieler weder der Mensch noch der Computer ist. Es ist die Zusammenarbeit zwischen Mensch und Maschine.

Dabei sind es insbesondere drei Aspekte, die uns bei der Auseinandersetzung mit dem Thema leiten – und uns wichtig sind:

1) Wir wollen Impulse setzen! Uns geht es weniger um detaillierte (oder gar abschließende) Würdigung, als vielmehr darum, erkennbare Entwicklungen aufzuzeigen, an Beispielen greifbar zu machen, um das Ganze vor seinen Teilen zu sehen.
2) Die Erfahrung zeigt: Noch verharren viele Unternehmen in Bezug auf Digitalisierung in der Risikobetrachtung. Und dabei steht die Absicherung des Bestehenden im Vordergrund. Wir plädieren dafür, Digitalisierung stärker mit der Chancenbrille zu betrachten. Nicht selten verlaufen die Gräben zwischen den „Risiko-Sehern" und den „Chancen-Suchenden" mitten durch die Führungsgremien eines einzelnen Unternehmens. Und vielfach, auch das lehrt die Erfahrung, braucht es das Risikobewusstsein, um sich überhaupt dem Thema zu öffnen. Die Kunst liegt einmal mehr darin, in der Veränderung die (eigene) Chance zu finden und konsequent „beim Schopf" zu packen.
3) Digitalisierung – so lässt sich zeigen – ist nicht das wirkliche Problem. Digitalisierung für eine Disruption zu nutzen schon eher. Die Königsdisziplin sehen wir darin, für die von der Digitalisierung getriebene Disruption ein tragfähiges Geschäftsmodell zu formen, oder wie wir es nennen: Eine einzigartige, stimmige und zukunftsfähige Geschäftslogik. Selbst dort, wo man dies als Herausforderung erkannt hat, tut man sich damit recht schwer.

Wir hoffen, dem Leser mit diesem Buch etwas an die Hand zu geben, das inspiriert und hilft, mit einer der größten Herausforderungen der Wirtschaftsgeschichte erfolgreich umzugehen.

Ohne die Unterstützung zahlreicher Personen wäre dieses Buch nicht zustande gekommen. Wir bedanken uns bei vielen Diskussionspartnern, Interviewpartnern und Projektpartnern: Thomas Sattelberger & Prof. Dr. Manfred Broy (Zentrum Digitalisierung.Bayern) für Anregungen in Richtung digitale

Transformation; Peter Gerstmann, Wolfgang Hahnenberg und Sören Ladig (Zeppelin Gruppe) für intensive Diskussionen rund um „gelebte digitale Disruption"; Gerd Manz (adidas) für gewährte Einblicke in die „speedfactory"; Prof. Dr. Jörg Freiling (Universität Bremen, LEMEX) für Impulse in Gründungsmanagement und Entrepreneurship; Gerald Zapp für authentische Berichte aus der digitalen Gründer- und VC-Szene; Dr. Jürgen Müller (SAP) für geteilte Erfahrungen in Corporate (disruptive) Intrapreneurship; Pascal Finette (Singularity University) für latest news aus dem Silicon Valley; Dr. Marianne Janik (Microsoft Schweiz), Klaus Bachstein (Heidelberger Druck/ Gallus), Dr. Mario Löbbus (Aurubis AG) und Prof. Dr. Krüger (Fraunhofer IPK) für gemeinsame Projekterfahrungen in digitaler Zukunftsarbeit. Besonders erwähnen möchten wir auch Reinhold Karner, der uns immer wieder Impulse für dieses Buch gegeben hat. Wir bedanken uns auch bei Felix und Maximilian Matzler, bei Andrea Mayr und bei allen anderen Personen, die uns bei der Fertigstellung des Manuskripts geholfen haben.

Bozen, Innsbruck und München im September 2016

Inhalt

Vorwort 5

Teil 1

Kapitel 1: Der große Wandel 13
Kapitel 2: Wie die digitale Transformation Unternehmen verändert 17
Kapitel 3: Die sieben Muster der Digitalen Transformation 27
    Exponentielle Entwicklungen 29
    Die Kombinatorik der Innovation und das Auflösen von Branchengrenzen 47
    „The Winner Takes It all" – Monopolbildung durch Netzwerkeffekte 50
    Zero Marginal Cost – Die Tendenz zur „Gratis-Ökonomie" 55
    Minimale Transaktionskosten, die Makers' Revolution und die Peer-to-Peer-Economy 58
    Zugang zu Ressourcen wird wichtiger als Besitz 61
    Personalisierung und Dezentralisierung 64
Kapitel 4: Warum Industrie 4.0 nicht reichen wird 69

Teil 2

Kapitel 5: Digitale Disruption 75
Kapitel 6: Management im Zeitalter der digitalen Transformation 89
    Das richtige Bewusstsein entwickeln 90
    In Geschäftslogiken denken 94
    Den Strategieprozess öffnen 101
    Den Umgang mit Innovationen beschleunigen 109
    Mit Start-ups kooperieren 113

Das Führungsverständnis erneuern 115
... und zum Abschluss 125
Anmerkungen 127
Literatur 135
Stichwortverzeichnis 145

Teil 1

Kapitel 1:
Der große Wandel

Wir stehen unmittelbar vor einem der größten Umbrüche in der Menschheitsgeschichte. Mit atemberaubender Geschwindigkeit verändern neue Technologien das gesamte Wirtschaftsgefüge, die Gesellschaft und die Art, wie wir leben, arbeiten und konsumieren. Die digitale Transformation übertrifft alles Dagewesene an Entwicklungen hinsichtlich Schnelligkeit, Reichweite und systemischer Wirkung[1]. Dazu eröffnet die Kombinatorik einzelner Technologien ungeahnte neue Möglichkeiten: Cloudtechnologien, künstliche Intelligenz, Rechnerleistung, Robotik, 3D-Druck, Sensorik, Big Data, Vernetzung usw. und deren Kombinationen werden in vielen Branchen zu vollkommen neuartigen Produkten, Dienstleistungen und Geschäftsmodellen führen. Die Herausforderungen sind gewaltig.

Viele der digitalen Veränderungen sind disruptiv. Sie verändern Branchen grundlegend. Neue Geschäftsmodelle lösen alte ab – in immer kürzeren Zeitabständen. Viele Unternehmen haben damit ihre Schwierigkeiten[2]. Sie unterschätzen die Dynamik, reagieren zu langsam. Und sie halten an ihren bestehenden Geschäftsmodellen fest. In der Regel sind es Neueinsteiger und Start-ups, deren disruptive Geschäftsmodelle Branchen verändern oder gar überflüssig machen. So löste Netflix Blockbuster ab, so fordert Spotify die Musikindustrie heraus, so werden möglicherweise Fintechs die Bankenwelt erschüttern. Tesla ist ein Neueinsteiger in der Autobranche, ebenso Google-Car. Disruptive Innovationen sind lange Zeit für etablierte Unternehmen uninteressant, weil sie in kleinen Nischen beginnen und die Nischen sich nicht lohnen, weil die Technologien noch viele Kinderkrankheiten haben und deshalb im Massenmarkt keine wirklichen Alternativen darstellen, weil es zu Beginn kaum funktionierende Geschäftsmodelle gibt, die den Nutzen herausstellen und genügend Ertragspotenzial zeigen und weil es – zu fast jedem Zeitpunkt - viel verlockender und einfacher erscheint, das bestehende, bewährte

Geschäftsmodell zu renovieren, als etwas Neues zu schaffen. Cisco-Verwaltungsratspräsident John Chambers schätzt, dass 40 Prozent der heute bekannten Top-Unternehmen, allen Renovierungsbemühungen zum Trotz, in den nächsten zehn Jahren verschwinden werden[3].

Auch die Gesellschaft sieht sich enormen Herausforderungen ausgesetzt – sozialen Herausforderungen: Viele Arbeitsplätze werden durch Digitalisierung verschwinden. Eine Studie von Frey und Osborne[4] schätzt, dass 47 Prozent der Berufe in den USA durch Digitalisierung innerhalb der nächsten zwei Dekaden verschwinden. Eine Replikationsstudie in Deutschland schätzt, dass 59 Prozent der Jobs[5], in China gar 77 Prozent bedroht sind. Im OECD-Schnitt sind 57 Prozent der Jobs in Gefahr[6]! Zwar entstehen auch viele neue Jobs, die Frage aber ist: Wie viele und vor allem für wen und wo?

Die Digitalisierung bringt noch ein anderes Thema mit sich: wachsende Ungleichheit. In den meisten industrialisierten Ländern kann man beobachten, dass seit Mitte der 1970er Jahre die inflationsbereinigten Nettolöhne und -gehälter kaum noch steigen, während das BIP deutlich zunimmt[7]. In Österreich beispielsweise stieg das BIP inflationsbereinigt um fast 100 Prozent, die inflationsbereinigten Nettolöhne und -gehälter gerade einmal um 20 Prozent[8]. Gleichzeitig kann man beobachten, dass das Arbeitnehmerentgelt als Prozent vom BIP ständig ab und das Gewinn- und Selbständigeneinkommen ständig zunimmt[9]. Die Treiber dahinter sind Digitalisierung und Automatisierung. Die Verhandlungsmacht der Arbeitnehmer sinkt, da sie leichter ersetzbar werden.

Wo steht Europa? Autoren und Experten gleichermaßen zeigen sich skeptisch und warnen, dass wir die digitale Transformation verschlafen[10]. Dafür spricht auch so manche Empirie:

- Eine Roland-Berger-Studie schätzt das Verlustpotenzial an Wertschöpfung in den EU 17 bei Verschlafen der digitalen Transformation bis 2025 auf 600 Mrd. EUR, das entspricht in etwa 10 Prozent der industriellen Basis. Wenn wir uns erfolgreich darauf einstellen – so der „versöhnliche" Teil der Studie –, dann beträgt das Wertschöpfungspotenzial 1,25

Billionen[11]. Die Digitalisierung birgt weit mehr an Chancen – vorausgesetzt wir nutzen sie – als Risiken.
- Allerdings, so dieselbe Studie, beschäftigen sich nur etwa 55 Prozent der Führungskräfte intensiv mit der digitalen Transformation und nur ein Drittel schätzt die eigene digitale Reife als hoch ein. Ähnlich die Erfahrungen von IMP/Innovative Management Partner. Während 75 Prozent der Führungskräfte der Digitalisierung hohe bis sehr hohe Bedeutung beimessen, geben nur 25 Prozent an, so etwas wie einen Fahrplan zu haben oder gar eine „Strategie" in dem Thema zu verfolgen. Das macht deutlich: Die Tragweite der Herausforderungen passt nicht zu der Art und Weise, wie Führungskräfte damit umgehen[12]. Während praktisch in allen Branchen ein hohes Chancenpotenzial gesehen wird, klafft eine riesige Lücke zwischen Chance und digitaler Kompetenz.
- Die digitale Transformation findet zu einem großen Teil außerhalb Europas statt. Von den zwanzig größten Internetunternehmen der Welt stammt keines aus Europa. Von den 174 Unternehmen im Unicorn-Ranking (Start-ups mit einer Bewertung von über einer Milliarde Dollar, die aber noch nicht an der Börse gehandelt werden) stammen gerade einmal achtzehn aus Europa, die meisten aus den USA – zumeist aus dem Silicon Valley (Stand April 2016).
- Einer Studie von Ernst & Young[13] zufolge wurden im Jahre 2014 in den USA 52 Mrd. Dollar als Venture Capital investiert. In Europa sind es nur 10,6 Mrd. Das ist ein Verhältnis von 5:1. Und die Schere geht weiter auf: 2015 lag das Verhältnis 74,2 Mrd. zu 13,4 Mrd. USD[14]. Bei digitalen Geschäftsmodellen ist Skalierung entscheidend und dafür ist Finanzierung über Risikokapital nötig. Davon gibt es viel zu wenig in Europa. Einmal vorausgesetzt wir hätten ausreichend Start-ups mit digitalen Geschäftsmodellen, würden wir spätestens an der Finanzierung zur Skalierung scheitern.
- Eine Studie von Bhaskar Chakravorti, Christopher Tunnard, und Ravi Shankar Chaturvedi[15] zeigt zwar, dass viele europäische Länder im oberen Drittel liegen, was den Stand der Digitalisierung betrifft[16], betrachtet man aber die Entwicklungsdynamik, sieht man, dass sie zurückfallen. Singapur,

Hong Kong, USA, Südkorea und auch die Schweiz kommen stärker auf bzw. bauen ihren Vorsprung aus.
- Eine McKinsey-Studie kommt zum Schluss, dass Europa über alle Branchen hinweg nur etwa 12 Prozent des Digitalisierungspotenzials bis dato nutzt. Die USA liegen bei 18 Prozent[17]!

Alles in allem keine guten Nachrichten und kein Grund sich zurückzulehnen. Umso weniger angesichts der Tatsache, dass es noch nie so einfach war, ein Unternehmen zu gründen und den Weltmarkt zu bedienen. Noch nie haben sich so viele Innovationschancen für neue Produkte und vor allem für neue Geschäftsmodelle ergeben. Und noch nie war es so einfach, mit anderen Unternehmen und Partnern aus der ganzen Welt zu kooperieren, gemeinsam Neues zu schaffen und dabei auch große etablierte Unternehmen auszuhebeln. Höchste Zeit, dass wir uns intensiv mit dem Thema beschäftigen!

Kapitel 2:
Wie die digitale Transformation Unternehmen verändert

Alles was digitalisiert werden kann, wird digitalisiert. Was mit der Musikindustrie und in der Fotografie seinen Anfang nahm und sich im Handel, bei Zeitungen und Verlagen fortsetzte, ergreift nun alle Branchen. Die Digitalisierung wirkt dabei auf unterschiedlichen Ebenen (Abbildung 2.1):

1. Digitalisierung von Produkten und Dienstleistungen
2. Digitalisierung von Prozessen und Entscheidungen
3. Digitalisierung von Geschäftsmodellen

Die Treiber für diese Entwicklung sind insbesondere das Internet der Dinge, Big Data, Robotik, 3D-Druck, soziale Netzwerke, das mobile Internet und Cloud Computing.

Wenden wir uns zunächst der Digitalisierung von Produkten und Dienstleistungen zu. Sie ist längst Realität. Der Staubsaugerroboter, der Rasenmäherroboter oder der digitale Fahrrad-Rollentrainer sind Beispiele dafür. Selbst triviale Produkte

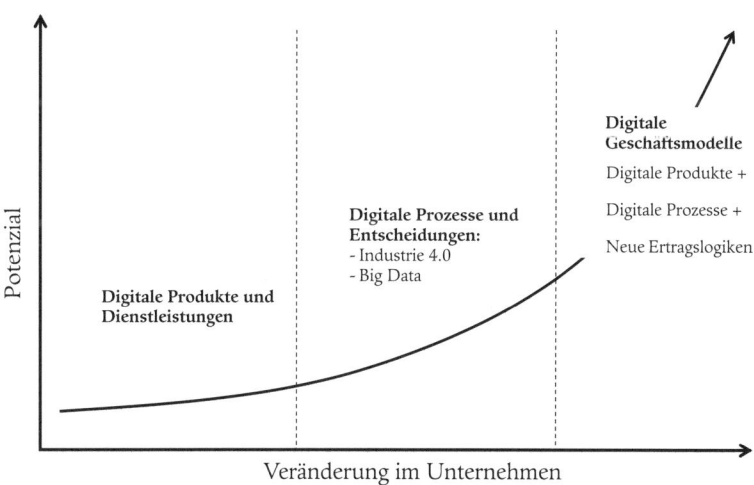

Abbildung 2.1: Die Ebenen der Digitalisierung

wie etwa ein Fußball werden digital. So stellte Adidas vor kurzem den Smart Ball vor: Ein integrierter Sensor erfasst Daten und liefert Feedback über Schussstärke, Flugbahn, Drall, Geschwindigkeit usw. über eine begleitende App. Daraus lassen sich Verbesserung der Schusstechnik aber auch ganz neue Trainingskonzepte ableiten. Die Statistik kann protokolliert werden, Verbesserungen kann man nachverfolgen und mit der Community teilen.[18] Nike geht mit Nike+ in eine ähnliche Richtung. Mit Sensoren ausgestattete Laufschuhe sammeln Daten. Via Web, Apps für Tablets und Smartphones und mithilfe sozialer Netzwerke können Laufstrecken und Zeiten analysiert und Motivationsfeedback gegeben werden. Nutzer verlinken sich mit Freunden, mit anderen Sportlern und Trainern, erhalten individualisierte Trainingsprogramme und messen ihre Fortschritte[19]. Der Nutzen liegt aber auch bei Nike. Es entstehen interessante Daten über den Sportler, die neue Möglichkeiten im Marketing eröffnen: Wann läuft er, wie oft läuft er, wie lange läuft er und welche Musik begleitet ihn dabei, …[20]. MillwardBrown[21] zeigt, dass das Produkt- und Markenerlebnis – daran angeknüpft – sich vollkommen neu inszenieren lässt.

Die Digitalisierung von Produkten bringt also Differenzierungspotenziale – allerdings nur kurzfristig. Die Ausstattung mit Sensoren ist relativ einfach, kostengünstig und kann meist ohne tiefere Änderungen innerhalb des Unternehmens erfolgen. Der Einbau von Aktuatoren[22] in Produkten erfordert schon etwas mehr an Veränderung, wird aber auch langfristig nicht zu deutlichen Wettbewerbsvorteilen führen. Rasant fallende Preise für Sensoren und Aktuatoren fördern den Durchdringungsgrad. Kostet ein Beschleunigungssensor für das iPhone der ersten Generation im Jahre 2007 noch sieben Dollar, liegt der Preis heute bei weniger als 50 Cents[23]. Einer kurzen Phase der Differenzierung folgt sehr schnell die Kommodisierung. Das „Value Capturing", also die Kapitalisierung des digitalen Mehrwerts, ist weniger auf Ebene der Produkte, als vielmehr im Geschäftsmodell zu erwarten. Und genau das macht die etablierten Automobilhersteller derzeit nervös. Mehr und mehr wächst hier das Bewusstsein, wenn es nicht gelingt, neue Geschäftsmodelle rund um das digitale Auto zu kreieren,

Kapitel 2: Wie die digitale Transformation Unternehmen verändert

werden die Hersteller zu Produzenten von Hardware verkommen – mit entsprechend niedriger Wertschöpfung. Und die Wertschöpfung migriert zu jenen, die wissen, was sie mit den Daten anstellen können. Nicht nur Apple und Google lassen grüßen. Die Wertschöpfung – so zeichnet sich ab – wird nicht beim physischen Produkt liegen, sondern in der Verbindung zwischen analoger und digitaler Welt. Die Digitalisierung der Produkte ist damit eine notwendige, aber keine hinreichende Bedingung für die Zukunftsfähigkeit von Unternehmen.

Eine andere Ebene der Digitalisierung stellt die Automatisierung von Prozessen und Entscheidungen dar. Industrie 4.0, Big Data, Algorithmen und künstliche Intelligenz sind hier die Schlagworte. Industrie 4.0 fokussiert vorwiegend auf Effizienzsteigerung. Umschreiben lässt sich das Ganze als „eine Vernetzung von autonomen, sich situativ selbst steuernden, sich selbst konfigurierenden, wissensbasierten, sensorgestützten und räumlich verteilten Produktionsressourcen (Produktionsmaschinen, Roboter, Förder- und Lagersysteme, Betriebsmittel) inklusive deren Planungs- und Steuerungssysteme"[24]. Eine BCG-Studie[25] schätzt, dass

- Industrie 4.0 zu 30 Prozent schnelleren und 25 Prozent effizienteren Produktionssystemen führt,
- etwa 20 Jahre bis zur vollkommenen digitalen Durchdringung vergehen,
- aber die nächsten 5–10 Jahre über Gewinner und Verlierer entscheiden.

Verbunden mit Industrie 4.0 sind Schlagworte wie Automatisierung der Fertigung, unabhängiges Logistikmanagement, Predictive oder Remote Maintenance. Auch hier gilt: Alles was digitalisiert werden kann, wird digitalisiert. Diese Dynamik zeigt sich heute schon in den folgenden Bereichen; sie wird aber weiter an Fahrt aufnehmen[26]:

- *Optimierung von Prozessen:* Sensoren liefern Daten in Echtzeit. Das ermöglicht sofortige Eingriffe zur Aufrechterhaltung des Produktionsflusses, Fehlererkennung und Fehlerbehebung. In der Automobilindustrie beispielsweise erlaubt Industrie 4.0 effiziente und zugleich kundenindividuelle Produktion. Unmittelbar nach Presswerk und Basisaufbau wird das Fahrzeug mit einem RFID-Tag versehen. Darin enthalten sind alle Spezifikationsdetails aus dem Internetkonfigurator, mit dem der Kunde sein Auto ausgestattet hatte. Der RFID-Chip kommuniziert an die „Türenstraße" zum Abruf der bestellten Türen, an die Lackiererei zum Aufbringen der gewünschten Farbe, an die Fahrwerkfertigung für das spezifizierte Fahrwerk. Gleiches gilt für die Innenausstattung, das Getriebe, den Motor usw. Der RFID-Chip enthält schließlich auch die Lieferadresse. Produktionsstatus und Lieferstatus sind jederzeit per Internet abrufbar[27]. Die Digitalisierung steht hier also für Kostensenkung, für effiziente Abläufe, aber auch für Kundenwert durch Individualisierung und Transparenz. Mögliche Einsparungen durch Optimierung von Prozessen werden über Branchen hinweg auf 5 bis 12,5 Prozent der Produktionskosten beziffert[28].

- *Predictive Maintenance:* Da Sensoren in Echtzeit Daten melden, werden sich Instandhaltungen verändern. Bloße Reparatur und Ersatz waren gestern. Heute geht es um Vorhersagen und Vorbeugen. Belastungsverläufe der Maschinen werden automatisiert erfasst und auf Muster hin untersucht. Dies erlaubt Prognosen, wann bestimmte Teile versagen und proaktives Austauschen, um Stillstand zu vermeiden. Höhere Kapazitätsauslastungen und reduzierte Ausfallszeiten bringen Produktivitätssteigerungen zwischen 10 und 40 Prozent[29].
- *Lageroptimierung:* Automatisierte Bestellvorgänge versprechen eine Reduktion von Lagerhaltungskosten. Schätzungen gehen je nach Branche von 20 bis zu 50 Prozent der Bestandskosten aus[30].
- *Senken von Informationskosten:* Als Beispiele sind hier *Augmented Reality-Brillen* oder *Heads-up Displays* zu nennen. Diese ermöglichen es Arbeitern, Informationen und Anweisungen (etwa Handbücher) direkt am Einsatzort abzurufen. Diagnose und Reparaturen zum Beispiel werden effizienter.

In den zuvor genannten Fällen geht es um Kostensenkung, respektive Effizienzsteigerung. An die Verfügbarkeit von Daten knüpfen weitere Implikationen. Prinoth, ein südtiroler Hersteller von Pistenraupen, nutzt die Digitalisierung für die optimale Pistenpräparierung[31]. Die Skigebiete werden zenti-

Kapitel 2: Wie die digitale Transformation Unternehmen verändert

metergenau vermessen und digitalisiert, inklusive Meereshöhe. Der Pistenraupenfahrer erhält in der Kabine den exakten Schneestand unter dem Gerät. Dadurch kann er den Schnee so verschieben, dass eine gleichmäßige Schneedecke entsteht. Auch der Einsatz von Schneekanonen lässt sich gezielter vornehmen. Insgesamt steigt die Qualität der Pistenpräparation – und das bei reduzierten Kosten. Schätzungen zufolge lassen sich bis zu 25 Prozent der Kosten für Schneeerzeugung einsparen. Bei zwei Millionen Kubikmetern Kunstschnee und einem Preis von 2,50 Euro je Kubikmeter spart eine Gemeinde wie Kitzbühel pro Skisaison ganz Erhebliches ein.

Auch in der Landwirtschaft hat die Digitalisierung längst Einzug erhalten. Johne Deere, der amerikanische Hersteller von Landmaschinen, stattet seine Maschinen mit Sensoren aus. Ziel ist zunächst, den Betreiber beim Flottenmanagement, bei der Reduktion von Ausfallzeiten und bei der Senkung des Treibstoffverbrauchs zu unterstützen. Big Data kann aber mehr. Historische Daten und Echtzeitdaten hinsichtlich Wetter, Bodenbedingungen und Pflanzeneigenschaften werden kombiniert. Auf iPad und iPhone bekommt der Bauer Hinweise bezüglich Saat, Bepflanzung, Bewirtschaftung, Ernte und Maschineneinsatz[32]. Autonom fahrende Traktoren sowie Kühe, die vom Roboter gemolken werden, sind in der Landwirtschaft längst Realität. „Precision Farming", sprich bedarfsgerechtes Düngen, zentimetergenaues Versprühen von Pestiziden und Herbiziden sowie Bewässern, führt zu eindrucksvollen Produktivitätssteigerungen – was der deutschen Landwirtschaft seit 2010 einen Spitzenplatz im Produktivitätsranking der Branchen einbringt.[33]

Über 40 Prozent der Vorstände und Geschäftsführer großer deutscher Unternehmen sehen Digitalisierung primär als Hebel für Effizienzsteigerungen[34]. Zweifellos liegt hier hohes Potenzial. Die Digitalisierung wird uns helfen, die Wettbewerbsfähigkeit in der Zukunft zu halten. Die Digitalisierung wird zu Produktivitätsfortschritten führen. Damit gehen zum Teil dramatische Veränderungen einher. Etwa die Rückverlagerung der Produktion nach Europa. Ein Beispiel liefert Adidas mit der Speedfactory, die in Ansbach entsteht. Dazu Herbert Heiner: „Speedfactory kombiniert das Design und die Herstellung von

Sportartikeln in einem automatisierten, dezentralisierten und flexiblen Fertigungsprozess. Dank dieser Flexibilität können wir zukünftig viel näher an unseren Konsumenten sein und vor Ort in unseren Absatzmärkten produzieren. Wir schaffen damit völlig neue Möglichkeiten, wie, wo und wann wir unsere Produkte fertigen können und sind somit Vorreiter in Sachen Innovation in unserer Branche."[35]

Effizienzsteigerung und Kostensenkung sind aber rein defensive Maßnahmen. Sie sind notwendig, aber nicht hinreichend für die Wettbewerbsfähigkeit der Zukunft sein. Oder anders: Die Digitalisierung der Produkte und die Digitalisierung von Prozessen greifen zu kurz. Der Sprung von defensiv zu offensiv, von kurzfristigem Vorteil zu nachhaltiger Veränderung, führt uns zu digitalen Geschäftsmodellen. Im Kern geht es um die Frage, ob es uns gelingt, Geschäftslogiken zu (er-)finden, die Kundenwert schaffen und Ertragslogiken, die helfen, diese Werte auch zu kapitalisieren.

Abbildung 2.2 spannt einen Rahmen an Möglichkeiten auf, mit Digitalisierung Wert zu schaffen. Am Beispiel von Nest, dem amerikanischen Hersteller von digitalen Thermostaten und Rauchmeldern, der zwischenzeitlich von Google gekauft wurde, lassen sich die Stufen digitaler Wertschöpfung veranschaulichen[36].

Noch vor fünf Jahren vermutet kaum ein Energieversorger, dass Google in diesem Markt als Spieler mitmischt. Auch als Google 2,3 Milliarden Dollar für die Akquisition von Nest investiert, bleibt vielen der strategische Schachzug verborgen und damit, wie das künftige Geschäftsmodell aussehen sollte.

1. Ebene: Das physische Ding bzw. der Prozess
   Die erste Ebene der Wertschöpfung ist das physische Ding bzw. der zugrundeliegende Prozess. Im Falle von Nest sind das die Thermostate. Analoge Thermostate sind einfach. Die gewünschte Temperatur wird über ein Stellrad eingestellt. Der Nutzen für den Kunden ist die Regelung der Raumtemperatur.

Kapitel 2: Wie die digitale Transformation Unternehmen verändert

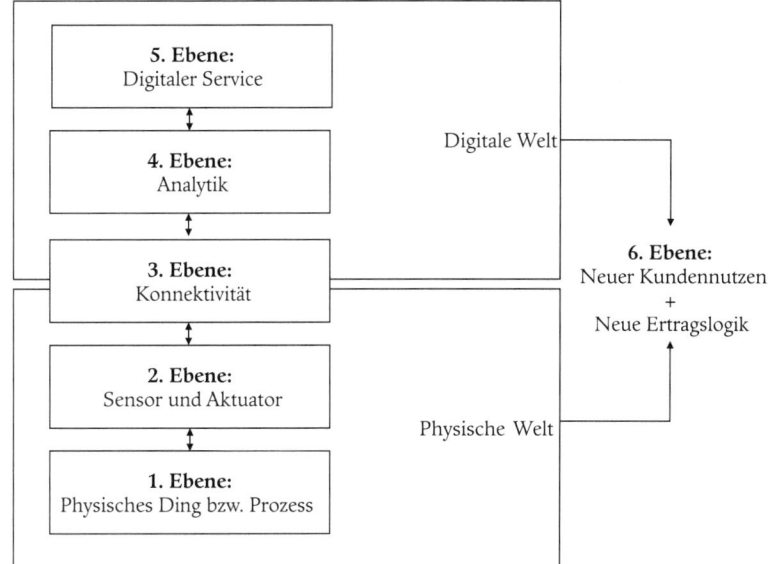

Abbildung 2.2: Stufen der digitalen Wertschöpfung[37]

2. Ebene: Sensor und Aktuator
   Physische Objekte werden mit Sensoren und Aktuatoren ausgestattet. Das führt im Fall der Thermostate von Nest zu „Smart Appliances". Die Thermostate sind lernfähig. Sensorgesteuert, programmierbar und Wi-Fi-unterstützt, passen sie die Raumtemperatur den Außentemperaturen und Verbrauchergewohnheiten an[38].
3. Ebene: Konnektivität
   Sind die physischen Objekte mit IP-fähigen Sensoren ausgestattet, führt uns das wieder eine Stufe weiter. So können sie mit anderen Objekten kommunizieren bzw. Daten mitteilen. Nest sammelt über den Thermostat laufend Daten, die ausgewertet und genutzt werden können.
4. Ebene: Analytik
   Über die Sammlung, Speicherung und Auswertung von Sensordaten lassen sich wertvolle Informationen gewinnen, die dann die Basis für Dienstleistungen schaffen. Solche Daten sind bei Nest etwa Verbrauchsgewohnheiten, die für Verbrauchsprognosen verwendet werden können oder den Energieverbrauch optimieren.

5. Ebene: Digitale Dienstleistungen
Auf Basis der Analytik kann man nun damit beginnen, digitale Dienstleistungen und ganze Dienstleistungsbündel zu schnüren. Mit dem Wissen, ob ein Nutzer zuhause ist oder nicht, lassen sich Verbrauchskosten deutlich senken. Verknüpft man gewonnene Daten mit anderen Branchen, ergeben sich mannigfaltige Möglichkeiten[39]. Waschmaschinen von Whirlpool können über Internet so gesteuert werden, dass sie in Phasen niedriger Netzauslastung und günstiger Stromtarife ihre Waschaktivitäten starten. Ein weiteres Beispiel ist Jawbone, ein Anbieter von Wearables. Mit dem Wissen, wann der Nutzer aufwacht, regelt sich entsprechend die Raumtemperatur.
6. Ebene: Neuer Kundennutzen + neue Ertragslogik
Die nächste Stufe ist ein neues Geschäftsmodell. Der gesamte Prozess der Temperatursteuerung ist mittlerweile digitalisiert. Geld verdient Nest über ästhetisch gestaltete Thermostate, die wesentlich teurer sind als Vergleichsgeräte. Geld verdient Nest über Energieversorger. Die Basis sind Einsparungen (immerhin 10 bis 15 Prozent) aufgrund von Energieverbrauchsmustern, an denen Google mitverdient. Auch wenn Nest bislang den erhofften Erfolg noch nicht einspielt (derzeit haben lediglich 6 Prozent der amerikanischen Haushalte Smart-Home-Devices; für 2020 liegt der Prognosewert bei 15 Prozent)[40], so zeigt dieses Beispiel doch, welche strategische Absicht Google mit dem „Nest Deal" verfolgt und wo das Potenzial digitaler Geschäftsmodelle zu finden ist.

Die Digitalisierung wirkt also auf drei Ebenen: Auf Produktebene – dort eher kurzfristig durch Kundenwert, der aber bald wieder im Wettbewerb erodiert. Auf Prozessebene – dort eher effizienzgetrieben, was zu tiefgreifenden Änderungen führt. Auf Ebene des Geschäftsmodells – dort durch Kombination von Daten zu Dienstleistungen und Dienstleistungsbündeln. Auf dem Weg zu einzigartigen, stimmigen und zukunftsfähigen Geschäftsmodellen können die einzelnen Stufen der digitalen Wertschöpfung, wie in Abbildung 2.2 dargestellt, durchlaufen werden. Dabei erweisen sich die nachfolgenden Fragen als nützliche Orientierung:

1. Welchen Mehrwert liefert das physische Produkt oder der Prozess?
2. Welche Daten lassen sich durch Sensoren generieren – und welchen Nutzen können diese Daten haben?
3. Wie können diese Daten in Echtzeit gesammelt und mit anderen Daten verknüpft werden?
4. Welche Muster lassen sich durch die Verknüpfung abbilden?
5. Welchen Nutzen bieten diese Daten für wen?
6. Wie kann dieser Mehrwert monetarisiert werden?

Welchen Einfluss hat die Digitalisierung auf die heutigen Geschäftsmodelle? Wie und wo finden (zerstörerische) Angriffe statt? Um das besser zu verstehen, wenden wir uns im nächsten Kapitel den Mustern der digitalen Transformation zu. Mustererkennung ist eine wichtige Voraussetzung, um diese Transformation erfolgreich zu meistern.

Kapitel 3:
Die sieben Muster der Digitalen Transformation

WhatsApp wurde 2009 in Kalifornien gegründet und 2014 von Facebook für 19 Mrd. USD gekauft. Die mehr als eine Milliarde User versendeten im Jahre 2015 um die 42 Milliarden Nachrichten pro Tag, außerdem 1,6 Milliarden Fotos und 250 Millionen Videos. Lediglich 57 Ingenieure arbeiten bei WhatsApp[41] – und haben doch ein 100 Milliarden Dollar Geschäft zerstört: den SMS-Textnachrichten-Markt (siehe Abbildung 3.1).

Dieses Beispiel verdeutlicht die Dynamik, die von digitalen, disruptiven Geschäftsmodellen ausgehen kann und es lässt zugleich einige typische Muster erkennen:

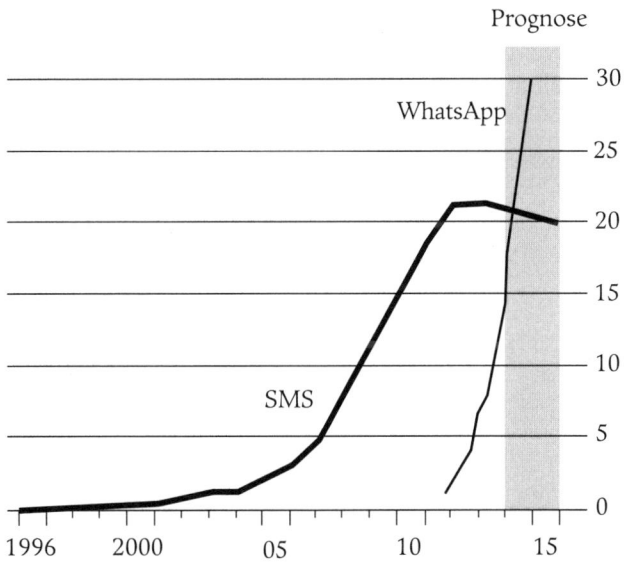

Abbildung 3.1: WhatsApp Marktdiffusion[42]

- Rasantes Wachstum. Während SMS etwa 20 Jahre brauchte, um das Volumen von 20 Milliarden Nachrichten pro Tag aufzubauen, erreicht WhatsApp diese Marke in einem Zehntel der Zeit. Downes und Nunes betiteln dieses Phänomen als „Big Bang Disruption"[43].
- „The Winner Takes It All" – Netzwerkeffekte führen zu Monopolstellungen – typisch für viele digitale Geschäftsmodelle: je mehr Nutzer ein Anbieter hat, umso attraktiver wird das Angebot für andere Nutzer.
- „Zero Marginal Cost" – Null-Grenzkosten. Digitale Produkte haben in der Regel gegen Null gehende Grenzkosten – und das beflügelt die Tendenz zu (fast) Gratisangeboten. Die Kosten für WhatsApp sind mit einer Jahresgebühr von 99 Cents marginal.
- Die Konsequenz ist Disruption – im vorliegenden Fall die Disruption des SMS-Markts – in dem die Telekommunikationsanbieter über Jahre viel verdient hatten.[44]
- Ausdehnung des Geschäftsmodells. Beginnend mit Kurznachrichten erreichte WhatsApp schnell die Milliarden Kundenschwelle. Das nächste Angebot, ganz im Sinne von „Customer Lock-In", war Gratis-Telefonie. Und nun testet die indische Axis Bank ein Mobile Payment-Angebot mit WhatsApp und anderen Social Media Anbietern[45] – hier bahnt sich möglicherweise die nächste Disruption an. Facebook startet ähnlich: als Plattform für Harvard Studenten, dann Ausdehnung auf College Studenten bei gleichzeitig verbreiterter Angebotspalette. Auch LinkedIn verfolgt diese Strategie. Beginnend als professionelle Netzwerkplattform wird das Angebot um Recruitment, Publishing usw. erweitert[46].

Digitale Geschäftsmodelle unterliegen damit eigenen Gesetzmäßigkeiten. Die wichtigsten davon analysieren wir in diesem Kapitel:

1. Exponentielle Entwicklungen
2. Kombinatorik der Innovation und Auflösung von Branchengrenzen
3. „The Winner Takes It All" – Monopolbildung durch Netzwerkeffekte
4. Zero Marginal Cost – Die Tendenz zur „Gratis-Ökonomie"

Kapitel 3: Die sieben Muster der Digitalen Transformation

5. Minimale Transaktionskosten, die „Maker's Revolution" und die „Peer-to-Peer-Economy"
6. Zugang zu Ressourcen wird wichtiger als Besitz
7. Personalisierung und Regionalisierung

Exponentielle Entwicklungen

Ray Kurzweil, ein amerikanischer Erfinder, Autor, Futurist und Leiter der technischen Entwicklung von Google, verwendet in seinen Vorträgen und Büchern gerne die Anekdote von der Erfindung des Schachbretts[47]. Damit will er verdeutlichen, was eine exponentielle Entwicklung ist. Vor etwa 1.500 Jahren wurde das Schachspiel erfunden – irgendwo in Indien[48]. Der Erfinder reiste damit zum Kaiser, um es ihm vorzustellen. Der Kaiser war begeistert – so sehr, dass er es dem Erfinder freistellte, die Belohnung selbst zu bestimmen. Dieser gab sich bescheiden und meinte, alles was er brauche, wäre etwas Reis für seine Familie. Beeindruckt von der Bescheidenheit dieses Mannes meinte der Kaiser, er solle ihm doch sagen, wie viel Reis er sich vorstelle. Der Erfinder schlug vor, das Schachbrett zu verwenden, um die Reismenge zu bestimmen: Legt auf das erste Feld ein Korn, auf das zweite Feld zwei Körner, auf das dritte vier Körner, auf das vierte acht usw. und am Ende wissen wir, wie viel Reis ich bekommen soll. Der Kaiser willigte sofort ein, nur um bald festzustellen, dass ihm die Zahlen ausgingen um zu bestimmen, wie viel Reis das tatsächlich war. Nach 63 Verdoppelungen waren es mehr als 18 Trillionen. Eine unvorstellbare Zahl. Der Mount Everest wäre im Vergleich zu diesem Reisberg ein Zwerg und in der gesamten Menschheitsgeschichte wurde nicht so viel Reis produziert[49]. Diese Anekdote verdeutlicht, was eine exponentielle Entwicklung ist und sie verdeutlicht auch, dass wir uns die Auswirkungen von exponentiellen Entwicklungen meist gar nicht vorstellen können. Warum verwendet nun Ray Kurzweil diese Anekdote? Er will klarmachen, dass die exponentiellen Entwicklungen, die den Informationstechnologien zu Grunde liegen, uns vor riesige Chancen aber auch vor gewaltige Herausforderungen stellen. Wir können uns recht gut vorstellen, was auf der ersten Hälfte des Schachbretts passiert, weil da die Verdoppelungen noch überschaubar sind, was aber auf der zweiten Hälfte geschieht, übersteigt unsere Vorstellungskraft.

Gordon Moore, Mitgründer von Intel, beobachtete exponentielle Entwicklungen in der Computertechnologie bereits im Jahre 1965. In einem Aufsatz mit dem Titel „Cramming more components onto integrated circuits" (etwa: Mehr Komponenten auf integrierte Schaltkreise packen) in der Zeitschrift *Electronics*[50] beobachtete er, dass sich die Anzahl der Transistoren auf einem integrierten Schaltkreis jedes Jahr verdoppelte und er sagte voraus, dass das auch in den nächsten zehn Jahren so weitergehen würde (je nach Quelle spricht man heute von einer Verdoppelung alle 18 oder 24 Monate). Nach 1970, so vermutete er, würde sich die Verdoppelung auf alle 2 Jahre verlangsamen. Er täuschte sich. Das Moore'sche Gesetz der Verdoppelung hält bis heute an. Inzwischen lassen sich etwa fünf Milliarden Transistoren auf einen Mikroprozessor bündeln[51]. Selbst wenn wir in den nächsten Jahren an physikalische Grenzen kommen, ist es möglich, dass neue Technologien wie Photonik, Rechnen mit Licht oder Quantencomputer entstehen werden[52]. Gordon Moore prophezeite damals auch: „Integrierte Schaltkreise werden Wunderdinge hervorbringen wie den Heimcomputer – oder zumindest an einen Zentralrechner angebundene Terminals –, die automatische Steuerung für Kraftfahrzeuge und tragbare Kommunikationsgeräte für den privaten Gebrauch."[53]

Eric Brynolfsson und Andrew McAfee stellten eine einfache Rechnung an, um festzustellen, ob wir uns – was die Informationstechnologie betrifft – noch auf der ersten oder nun schon auf der zweiten Hälfte des Schachbretts befinden. Sie begannen ihre Berechnungen im Jahre 1958, das meist als der Beginn der Informationstechnologie betrachtet wird, und errechneten unter der Annahme einer Verdoppelung alle 18 Monate, dass wir bereits 2006 auf die zweite Hälfte des Schachbretts gelangten[54]. Damit Sie sich vorstellen können, welche Rechnerleistung ein heutiger Computer im Vergleich zum Jahre 1958 bringt, machen Sie folgendes Gedankenexperiment: Nehmen Sie einmal an, Sie hätten im Jahre 1958 mit folgendem Sparprogramm begonnen. Sie legten einen Euro zur Seite und setzten sich das Ziel, alle 18 Monate diesen Spar-

Kapitel 3: Die sieben Muster der Digitalen Transformation

betrag zu verdoppeln. Nach eineinhalb Jahren hätten Sie also zwei Euro dazu gelegt, nach weiteren eineinhalb Jahren vier Euro usw. Im Jahre 1964 würden Sie 16 Euro auf die Seite legen und 1970 sparten Sie 256 Euro. Das klingt nun alles andere als spektakulär. Nun rechnen Sie aber einmal weiter: Nach 49,5 Jahren, also im Jahre 2006, müssten Sie bei einer Verdoppelung des Sparbetrages alle 18 Monate über vier Milliarden Euro (genau 4.294.967.296) auf die Seite legen. Und setzen Sie das Spiel für circa 10 weitere Jahre fort, dann müssten Sie heute, also Mitte 2016, den Betrag von 549.755.813.888 Euro sparen. Wenn Sie dies nun überrascht und das für Sie einen unvorstellbaren Sparbetrag darstellt, dann haben Sie in etwa erfasst, mit welcher Geschwindigkeit sich die Rechnerleistung in den letzten 50 Jahren entwickelt hat.

Diese Entwicklung ist unter anderem dafür verantwortlich, dass ein heutiges Smartphone etwa eine Million Mal billiger und etwa tausendmal leistungsfähiger ist als der beste Supercomputer in den 1970er Jahren[55]. Solch exponentielle Fortschritte sehen wir in vielen Bereichen – sie sind typisch für digitale Technologien und Entwicklungen.

Das Phänomen der exponentiellen Entwicklungen hat nach Ray Kurzweil vier wesentliche Charakteristika[56]:

- Die regelmäßigen Verdoppelungen, die Gordon Moore für integrierte Schaltkreise entdeckte, gelten auch für andere Informationstechnologien.
- Treiber für diese Entwicklung ist Information. Sobald eine Branche, eine Disziplin, oder eine Domäne informationsgetrieben ist, setzt die exponentielle Entwicklung ein.
- Einmal begonnen, setzen sich diese exponentiellen Entwicklungen fort.
- Zahlreiche heutige Schlüsseltechnologien sind informationsgetrieben und folgen diesen exponentiellen Entwicklungen. Dazu gehören unter anderem künstliche Intelligenz, Big Data, 3D-Druck, Sensorik, Internet der Dinge.

Diese exponentiellen Entwicklungen sind unter anderem dafür verantwortlich, dass wir das Potenzial und die Gefahr neuer Technologien regelmäßig unterschätzen. Das Humangenomprojekt, das 1990 mit dem Ziel gestartet wurde, das Genom des

Menschen vollständig zu entschlüsseln, ist ein eindrucksvolles Beispiel dafür, wie schwierig es ist, Prognosen zu machen, wenn sich Dinge mit exponentieller Geschwindigkeit entwickeln[57]. Schätzungen zufolge sollte die vollkommene Entschlüsselung fünfzehn Jahre in Anspruch nehmen und etwa 6 Milliarden Dollar kosten. Nach sieben Jahren, der Hälfte der geplanten Zeit, war allerdings erst ein Prozent der Gene entschlüsselt. Allen Experten zufolge war das Projekt zum Scheitern verurteilt: Bei diesen Fortschritten sollte es noch 700 Jahre dauern! Ray Kurzweil sah das allerdings anders: Ein Prozent in sieben Jahren – damit hätte man schon die Hälfte geschafft! Warum? Ein Prozent, verdoppelt jedes Jahr, ergibt 100 Prozent. Er hatte recht. Das Projekt wurde 2001 abgeschlossen. Experten hatten sich um 696 Jahre verschätzt!

Prognosen sind bei exponentiellen Entwicklungen alles andere als zuverlässig. Die Einstellung „Wait and See" führt dann zu einem „Warten bis es zu spät ist" und – bei digitalen Technologien – all zu oft zu Disruption.

Im Folgenden betrachten wir einige dieser Technologien und Entwicklungen, die als Treiber für exponentielle Dynamiken das Potential haben, unsere Welt zu verändern.

Das Internet der Dinge

Im Jahre 1992 waren etwa 1 Million Geräte mit dem Internet verbunden. Neun Jahre später waren es 500 Millionen, 2012 bereits 8,7 Milliarden und Cisco schätzt, dass es 2020 über fünfzig Milliarden sein werden[58]. Das Internet der Dinge, d. h. die Vernetzung von Gegenständen über das Internet, im Englischen oft als „Ubiquitous Computing" bezeichnet, ist eine der zentralen Triebfedern der digitalen Transformation. Nahezu alle Lebens- und Wirtschaftsbereiche sind durch das Internet der Dinge betroffen. Eine McKinsey-Studie schätzt, dass die ökonomische Bedeutung des Internet der Dinge bis in das Jahr 2025 zwischen vier und elf Billionen Dollar liegen könnte – das wären etwa elf Prozent der Weltwirtschaftsleistung[59].

Kapitel 3: Die sieben Muster der Digitalen Transformation

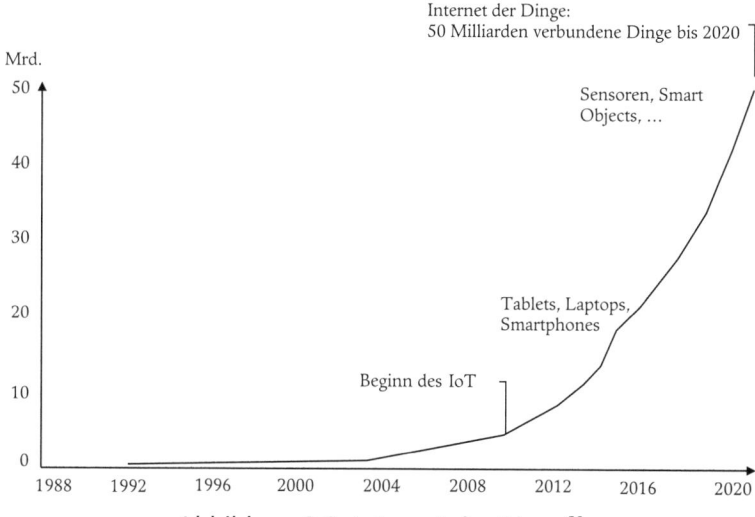

Abbildung 3.2: Internet der Dinge[60]

Den größten Einfluss wird das Internet der Dinge in Fabriken haben[61]. 10 bis 25 Prozent Kostenersparnisse sollen durch Produktionsoptimierung, Predictive Maintenance, Lageroptimierung und Gesundheits- und Sicherheitsverbesserungen möglich sein. In den Städten werden Verkehrsflüsse besser gesteuert und autonomes Fahren soll alleine 60 Milliarden Dollar an Einsparungen pro Jahr bringen, da Steh- und Pufferzeiten im Stadtverkehr wegfallen. In den Haushalten werden Energiemanagement, Sicherheitssysteme und Haushaltsroboter ihre Dienste verrichten. Auch im Gesundheitsbereich wird das Internet der Dinge deutliche Veränderungen und Verbesserungen bringen. Stellen Sie sich zum Beispiel folgende Situation vor[62]: Ein Mann mittleren Alters, leicht übergewichtig, leidet unter chronischer Herzinsuffizienz, hat Bluthochdruck und Typ 2 Diabetes. Er wird mit einem Diuretikum behandelt, nimmt ACE-Hemmer und Betablocker ein. Sein Arzt hat ihm auch eine strikte Diät und ausreichend Bewegung verordnet. Über die Weihnachtsferien lässt er sich allerdings gehen. Er isst und trinkt zu viel, bewegt sich kaum und vergisst ab und zu, seine Medikamente einzunehmen. Er fühlt sich etwas gebläht und denkt sich nicht viel dabei. Er kollabiert und wird mit akuter Herzinsuffizienz in das nächste Krankenhaus eingeliefert. Sein Aufenthalt kostet einige tausend Euro.

Nun stellen Sie sich vor, dieser Patient hat folgende vier mit dem Internet verbundene Dinge, die zusammen weniger als 300 Euro kosten: eine Waage, eine Blutdruckmanschette, eine intelligente Tablettenbox und ein Armband, das Herzfrequenz und Blutsauerstoff misst. Diese Geräte zeigen sofort an, wenn der Patient schneller bei seinen Spaziergängen ermüdet, wenn er vergisst, seine Tabletten zu nehmen und wenn er zunimmt (was ein Anzeichen von Wassereinlagerungen sein kann). Sein Arzt wird automatisch informiert und dieser bittet ihn zur Visite. Entsprechende Maßnahmen können somit rechtzeitig eingeleitet werden. McKinsey schätzt, dass etwa 60 Prozent der globalen Ausgaben im Gesundheitswesen auf chronische Erkrankungen zurückzuführen sind[63] und dass das Internet der Dinge (zum Beispiel durch Wearables und Patientenmonitoring) diese Kosten um etwa 50 Prozent reduziert[64].

Fazit: Das Internet der Dinge wirkt als Treiber von neuen Geschäftsmodellen und Ökosystemen[65]. Die Verbreitung ist beeindruckend:

- Stichwort „Internet der Dinge": über 50 Milliarden mit dem Internet verbundene Dinge im Jahre 2020,
- Stichwort „Mobiles Internet": 6 Milliarden Smartphones und 70 Prozent der Weltbevölkerung werden bis 2020 einen mobilen Internetzugang haben[66],
- Stichwort „Big Data": die weltweit generierte Menge an verfügbaren Daten verdoppelt sich alle zwei Jahre, immer mehr Menschen liefern Daten und haben zugleich Zugang zu diesen.
- Eine Revolution in Algorithmen, Maschinenlernen und statistische Rückschlüsse synthetisieren diese Daten und führen zu aufschlussreichen Erkenntnissen, verbesserten Dienstleistungen und neuen Geschäftsmodellen.

Damit kommen wir zum nächsten Thema: Big Data.

Big Data

Viktor Mayer-Schönberger und Kenneth Cukier beginnen ihr beeindruckendes Buch über Big Data[67] mit folgender Geschichte: Als im Jahre 2009 das Grippevirus H1N1 entdeckt wurde, warnte die Weltgesundheitsbehörde, sichtlich nervös,

Kapitel 3: Die sieben Muster der Digitalen Transformation

vor einer weltweiten Epidemie. Da es keinen Impfstoff gab, konnte man nur die Verbreitung beobachten und versuchen zu kontrollieren. Aber genau das war das Problem. Da die meisten Menschen nicht sofort zum Arzt gehen, wenn sie sich krank fühlen und Ärzte nur einmal wöchentlich ihre Grippemeldungen machen, konnte die Weltgesundheitsorganisation bestenfalls feststellen, wo die Grippe vor ein oder zwei Wochen auftrat und nicht, wo sie gerade war. Google-Mitarbeiter publizierten etwa zu dieser Zeit einen interessanten Artikel in der Fachzeitschrift *Nature*[68]. Über die Auswertung von 50 Millionen Suchbegriffen bei Google-Suchanfragen und der Entwicklung eines entsprechenden Algorithmus konnte bei Google die Verbreitung von Grippe in Echtzeit verfolgt werden. Über 450 Millionen mathematische Modelle wurden überprüft, bis man jene 45 Suchbegriffe fand, die mit der Verbreitung der Grippe nahezu perfekt korrelierten. Das ist ein beeindruckendes und aufschlussreiches Beispiel von Big Data. Big Data wird vielfach als *die* Managementrevolution bezeichnet[69] und umfasst:

- Unmengen an Daten,
- in Echtzeit verfügbar,
- in unterschiedlichen Formen aus unterschiedlichsten Quellen,
- gepaart mit der Fähigkeit, Muster zu erkennen.

Big Data bedeutet allerdings auch, dass viele dieser Daten unscharf[70] sind und/oder aus unzuverlässigen Quellen stammen. In einer Welt kleiner Stichproben sind Genauigkeit und Zuverlässigkeit der Daten aber viel wichtiger als in einer Welt großer Datenmengen: „Big Data, mit seinen großen Datenmengen und der inhärenten Unschärfe, hilft uns besser, der Realität näherzukommen als unsere vormalige Abhängigkeit von kleinen Datenmengen und hoher Genauigkeit."[71]

Die täglich gesammelten Datenmengen sind gigantisch. Bereits 2012 sammelte Google nach Schätzungen von Thomas Davenport pro Tag 24 Petabyte an Daten[72], ungefähr tausendmal so viel wie alle gedruckten Werke in der US-Kongressbibliothek zusammen[73]. Nach Schätzungen von Martin Hilbert[74] betrug die gesamte gespeicherte Menge an digitalen Daten etwa 1.200 Exabyte; ausgedruckt und zu Büchern gebunden, würden diese Bücher die gesamte Landfläche der USA bedecken – in 52 Schichten; auf CD-ROM gebrannt, könnte man mit diesen CDs fünf Stapel bis zum Mond errichten. Das waren Schätzungen für 2013. Diese Zahlen können sie ruhig vervierfachen, da sich nach den meisten Expertenschätzungen die Datenmenge alle zwei Jahre verdoppelt!

Big Data Analytics wird zu einer wichtigen Disziplin. Nicht jene Unternehmen, die die besten Produkte produzieren, sondern jene, die die besten Daten generieren und daraus die besten Dienstleistungen machen, werden zu den erfolgreichen Anbietern der Zukunft gehören. So zeigt eine MIT-Studie, dass Unternehmen, die in ihrer Branche in der Datengenerierung und im datenbasierten Entscheiden zum oberen Drittel gehören, im Schnitt 5 Prozent produktiver und 6 Prozent erfolgreicher sind als der Rest[75].

Bereits heute zeigen Anwendungen innerhalb der Unternehmen, wie Big Data genutzt werden kann:

- Der Internethändler Amazon generiert ca. ein Drittel seines Gesamtumsatzes durch eine individualisierte Empfehlungslogik, die auf Basis der Kauf- und Klickhistorie aller Kunden Muster erkennt, individuelle Präferenzen identifiziert und daraus treffsichere Kaufempfehlungen ableitet.[76] Durch die Verknüpfung von Demographie, Historie, Präferenzen und von Echtzeit-Standorten fällt es Internethändlern mit entsprechenden Algorithmen leicht, Kaufanreize zu erzeugen[77].
- Aufgrund des veränderten Einkaufsverhaltens (zum Beispiel parfümfreie Lotions, Magnesium, Kalzium, Zink, usw.) kann die amerikanische Handelskette Target erkennen, ob eine Kundin schwanger ist – und das schon im 3. Monat[78]. Dieses Wissen wird dann genutzt, um entsprechende Produkte anzupreisen.
- Big Data kann aber auch zur Optimierung von Prozessen und zur Vorhersage von Ausfällen (Predictive Maintenance) genutzt werden. So sammelt der deutsche Maschinenhersteller Brückner an einer Produktionsanlage bis zu 100.000 Datenpunkte mit einer update-Rate von bis zu 1000 Daten pro Sekunde[79]. Damit können Anwender sofort Qualitätsabweichungen erkennen und entsprechend reagieren.

Kapitel 3: Die sieben Muster der Digitalen Transformation

Produktionszyklen werden verkürzt und Ausschuss reduziert. Taleris, ein Joint Venture zwischen GE Aviation und Accenture, nutzt Big Data Analytics zur Optimierung des Flugbetriebes[80]. Daten von mehr als 30 Fluglinien werden über Sensoren im Flugzeug, über Bordsysteme und Bodensysteme gesammelt. In einem Flugzeug mit zwei Triebwerken können pro Stunde ca. 30 Terabyte an Daten erzeugt und ausgewertet werden. Durch Big Data Analytics können Wartungszyklen optimiert, Wartungs- und Reparaturkosten gesenkt und technische Ausfälle reduziert werden.

Big Data wird viele Bereiche beeinflussen, zu den wichtigsten gehören[81]:

- E-Commerce und Market Intelligence (z. B. Recommender Systeme, Social Media Monitoring und Analyse, Crowdsourcing-Systeme),
- E-Government und Politik 2.0 (z. B. transparentere und partizipativere politische Prozesse, Opinion Mining),
- Wissenschaft & Technologie (z. B. Gewinnung, Analyse und Visualisierung von Daten unterschiedlicher Quellen und Disziplinen, Entwicklung neuer Datenanalysemethoden und Algorithmen, Open Science),
- Smart Health und Wellbeing (z. B. Genomics-driven Big Data, Healthcare Decision Support durch Patienten Big Data, Patient Community Analysis),
- Sicherheit (z. B. Predictive Crime Prevention, Terrorism Informatics, Open-source Intelligence).

Big Data wird zu neuen Geschäftsmodellen führen. Unternehmen erhalten Möglichkeiten, Entwicklungen in Echtzeit zu beobachten (Descriptive Analytics), Ereignisse zu prognostizieren (Predictive Analytics) und entsprechende Empfehlungen und Anweisungen zu geben (Prescriptive Analytics). Das wiederum ist der „Stoff", aus dem neue Geschäftsmodelle entstehen[82]:

- Analytics-as-a-Service: Dienstleistungen zur Datenanalyse und Prognose,
- Data-as-a-Service: Zusammenführung, Aufbereitung und Weiterverkauf von Daten,

- Data-infused Products and Services: Mit Sensoren ausgestattete Produkte, die dem Nutzer Mehrwert durch Daten und Datendienstleistungen liefern,
- Datenmarktplätze und -aggregatoren: Plattformen, die Datenanbieter mit -verwendern verbinden.

3D-Druck

Eine der faszinierendsten digitalen Technologien ist zweifellos der 3D-Druck. Frank Piller von der RWTH Aachen bezeichnet diese Technologie als „Killerapplikation" und Chris Anderson sieht darin nicht weniger als den Auslöser für die nächste industrielle Revolution: Open Source in Verbindung mit 3D-Druck macht den Konsumenten zum Produzenten und lässt eine Demokratisierung der Produktion erwarten[83]. 3D-Druck versetzt uns in die Lage, Produkte individuell zu gestalten und zu „produzieren". Wer sie nicht selbst designen kann oder will, der hat über Open Source Plattformen oder kommerzielle Anbieter Zugang zu Druckdatensätzen, um die Produkte zu Hause zu drucken. Damit revolutioniert 3D-Druck traditionelle Wertschöpfungsketten – und das ist keine Zukunftsvision mehr, die Zukunft hat vielerorts längst begonnen.

Bereits in den 1980er Jahren von Charles „Chuck" Hull erfunden und von ihm als Stereolithographie bezeichnet, stellt 3D-Druck ein additives Fertigungsverfahren dar – im Gegensatz zu subtraktiver Fertigung, bei der durch Drehen, Fräsen oder Bohren aus einem Material die gewünschte Geometrie erreicht wird[84]. Schicht für Schicht werden im Druckverfahren aus unterschiedlichsten Materialien – Kunststoffe, Kunstharze, Metalle, Keramik, Glas, Papier und sogar lebende Zellen – Objekte geformt. Die Technologien dafür sind vielfältig: Selektives Lasersintern oder Schmelzen bei dem zum Beispiel pulverförmige Metalle oder Polymere mittels Laserstrahlung punktgenau verschmolzen werden, Stereolithographie, oder Fused Deposition Modeling, bei dem Material durch eine heiße Düse im Druckkopf gepresst wird, sich dadurch verflüssigt und als Faden Schicht für Schicht ein Objekt drucken kann.

Kapitel 3: Die sieben Muster der Digitalen Transformation

3D-Druck hat sein Nischendasein bereits verlassen und wächst mit exponentieller Geschwindigkeit. Gartner schätzt, dass die durchschnittliche jährliche Wachstumsrate von ausgelieferten 3D-Druckern zwischen 2016 und 2019 bei über 100 Prozent liegen wird, bis dahin sollen 5,6 Millionen Stück verkauft werden[85]. Auch die Anzahl der relevanten Patente im 3D-Druck-Umfeld wächst – und sie wächst exponentiell (siehe Abbildung 3.3).

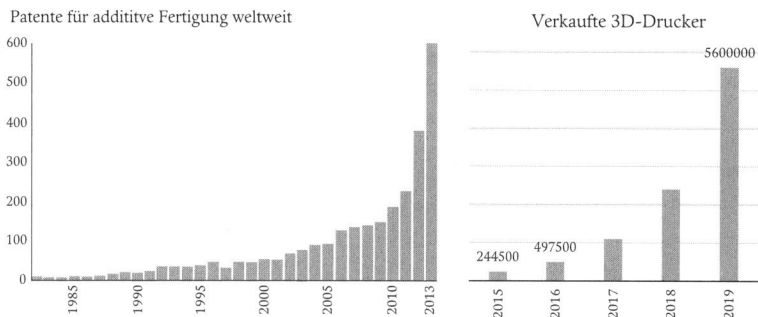

Abbildung 3.3: Exponentielles Wachstum von 3D-Druck (Patente und Verkaufszahlen)[86]

3D-Druck hat den Vorteil, dass im Vergleich zum Spritzgussverfahren die aufwändige Produktion von Formen und das Wechseln derselben entfallen. Damit kann eine Designidee direkt in ein Produkt umgesetzt werden. Im Vergleich zur subtraktiven Fertigung ist der Materialverlust geringer und es können Formen hergestellt werden, die mit anderen Verfahren gar nicht möglich sind. Komplexe Strukturen und deutlich leichtere Bauteile lassen sich damit realisieren. Folgendes Beispiel macht greifbar, wie 3D Druck die industrielle Produktion verändert:

Angenommen, Sie hätten gerne „Ihren" Hammer, also ein Produkt nach ihren eigenen Vorstellungen. Ein Produzent wird dafür ein paar tausend Euro verlangen. Er muss die Gussform herstellen, den Hammerkopf gießen, ihn weiterverarbeiten, den Holzstiel drehen und dann die Teile zusammenfügen. Einen Hammer in Losgröße 1 zu produzieren, wäre ziemlich teuer. Produziert man tausende, führen Skalenerträge zu leistbaren Stückkosten, was sich in der Preisgestaltung niederschlägt. So die Mechanik der alten Welt. Beim 3D-Druck spielen Economies of Scale dagegen kaum eine Rolle. Das Design kann als Software unendlich oft und sehr günstig geändert werden und individuelle Produktion ist erschwinglich.

Die Anwendungsmöglichkeiten sind beeindruckend[87]:

- Es kann heute schon mit mehr als 300 unterschiedlichen Materialen 3D-gedruckt werden, von Titan bis zur Schokolade,
- zudem in unterschiedlichen Farben
- und auch in Kombination unterschiedlicher Materialien,
- womit der Trade-off zwischen Individualisierung und hohen Kosten aufgelöst wird.

Eine Studie des World Economic Forums[88], bei der mehr als 800 Technologieexperten aus der ganzen Welt befragt wurden, prognostiziert für das Jahr 2025, dass

- Autos mit 3D-Druckern produziert werden – das erste 3D-gedruckte Auto wurde bereits 2014 in einer Druckzeit von 44 Stunden gedruckt,
- fünf Prozent der Konsumprodukte mit 3D-Druckern hergestellt werden,
- die erste, mit einem 3D-Drucker gedruckte Leber transplantiert wird.

Trägt sich ein Unternehmen mit dem Gedanken, die 3D Drucktechnologie für sich zu nutzen, so stellen sich vor allem drei Fragen[89]:

1. Welche Auswirkungen hat diese Technologie auf mein Leistungsangebot? Welche Basis-, Leistungs- und Begeisterungsanforderungen lassen sich zusätzlich erfüllen? 3D-Druck ermöglicht neue Designs und Formen sowie Individualisierung. In der Flugzeugindustrie beispielsweise sind Treibstoffeinsparungen durch geringeres Gewicht entscheidend. Airbus will mit 3D-Druck von Bauteilen deutlich an Gewicht und damit an Kosten sparen[90]. Auch Bionik, das Nachahmen von Strukturen aus der Natur, soll dadurch möglich werden und das Gewicht der Teile halbieren. Light Rider ist das erste 3D-gedruckte Motorrad mit einem einzigartigen Bionik-Rahmen, der gerade einmal

6 kg wiegt. Adidas will durch 3D-Druck von Laufschuhen sein Geschäftsmodell revolutionieren[91]. Kunden sollen ihren personalisierten Schuh konfigurieren, der dann mittels 3D-Drucker und Strickmaschinen individuell produziert wird. Denkbar ist auch, dass die Produktion direkt an den Laden angeschlossen ist. Kurze Wege und schnelle individualisierte Produktion sollen dadurch möglich werden, innerhalb von Stunden oder Tagen.
2. Welche Auswirkungen hat diese Technologie auf unsere Wertschöpfungslogik, d. h. auf Gestalt und Betrieb der Wertschöpfungskette? 3D-Druck eröffnet neue Möglichkeiten dafür, wie, wann und wo Produkte und Produktteile produziert werden. Beispielsweise kann Produktion von Ersatzteilen direkt vor Ort erfolgen. Damit entfallen Liefer- und Lagerkosten. Auch sind sie oft schneller verfügbar. Produktion vor Ort kann gesamte Wertschöpfungsketten verändern. Selbst für traditionelle Branchen wie die Bauwirtschaft kann es zu disruptiven Veränderungen kommen. Der chinesische Erfinder und Unternehmer Ma Yihe begann Häuser mit 3D-Druckern zu fertigen. Eine riesige Druckmaschine druckt aus schnell härtendem Beton, gemahlenem Bauschutt, Glas und Industrieabfällen Schicht für Schicht Häuser – eine 1.100 Quadratmeter Villa in zwei Tagen. Mit Ägypten soll ein Vertrag zur Lieferung von 20.000 Häusern unterschrieben sein[92].
3. Welche neuen Ökosysteme entstehen rund um den 3D-Druck? 3D-Druck demokratisiert beispielsweise auch Produktdesign. Auf der Plattform Thingiverse werden user-generierte Designs gesammelt und getauscht. Mit 3D-Druckern (und anderen Geräten) können diese Designs umgesetzt werden. Druckdatensätze können aber auch durch digitale Scanner erzeugt werden. KeyMe ist eine App, mit der man Schlüssel scannen und vervielfältigen kann. Damit ändert sich die Beziehung zwischen Design und Produktion. Sie wird teilweise aufgelöst und teilweise demokratisiert. Lokale Produktion und Printer Hubs werden ebenfalls Ökosysteme verändern. Vor allem Konsumenten werden davon profitieren. Shapeways, Trinckle & Co. sind Unternehmen, die 3D-Druck als Dienstleistung anbieten. Bei Shapeways.com beispielsweise laden Desig-

ner ihre 3D CAD Modelle für Produkte wie Schmuck oder Espressotassen hoch, es werden verschiedene Versionen in unterschiedlichen Materialien und Farben dem Kunden angeboten – damit variieren auch die Preise – und Shapeways druckt die gewählten Produkte und sendet sie dem Kunden zu[93].

Robotik

Die Vorstellung, dass Roboter einmal unsere Arbeit verrichten werden, begleitet uns schon lange: „Uns steht eine Katastrophe bevor" titelte der Spiegel einen Beitrag über Robotik – im Jahre 1978. „Während die farbige, einem Rieseninsekt ähnliche Maschine die letzten, etwas eckigen, aber zielsicheren Bewegungen ausführt, setzen die Geigen und die Flöten ein. Zu den Schlußakkorden des Werbefilms des japanischen Mischkonzerns Kawasaki preist der Sprecher die wegweisende Errungenschaft: „The unmanned factory – Happiness for everyone"."[94] Von menschenleeren Fabriken war die Rede. Die Realität ist eine andere. Doch nun, glaubt man Martin Ford, dem Autor von *Rise of the Robots*[95], kann sich das ändern.

Roboter haben in den letzten Jahrzehnten in den Fabriken zahlreiche Aufgaben übernommen, meist jene, die für Menschen schwierig, gefährlich oder zu umständlich waren. Nun machen aber Fortschritte in künstlicher Intelligenz, im Maschinellen Sehen, in den Sensoren, Motoren und in der Hydraulik die Roboter intelligenter und fähiger – und das bei fallenden Kosten[96]. Arbeiten, die routinemäßig, repetitiv und vorhersehbar sind, werden zunehmend von Robotern oder Software übernommen, auch Wissensarbeit. Algorithmen und maschinelles Lernen sind dabei die treibenden Kräfte[97]. Längst sind Roboter weit mehr als hochspezialisierte Maschinen, die vorprogrammierte, repetitive Tätigkeiten ausführen. Das zeigt Rethink Robotics, ein auf Roboter spezialisiertes Unternehmen aus Boston. Humanoide Roboter werden trainiert. Wozu das führt und wie geschickt humanoide Roboter heute schon sind, veranschaulicht das YouTube-Video „Atlas. The next Generation".

Kapitel 3: Die sieben Muster der Digitalen Transformation

Seit 2010 hat sich die Nachfrage nach Industrierobotern deutlich beschleunigt, von etwa 120.000 Stück im Jahre 2010 auf ca. 230.000 im Jahre 2014. Allein 2014 weist einen Zuwachs von ca. 30 Prozent auf[98]. Dabei baut China seine führende Position im Einsatz von Robotern aus und hat einen Weltmarktanteil von 25 Prozent.

Bislang mussten Industrieroboter in einen Käfig. Zu gefährlich waren sie für den Menschen. Einmal installiert, bewegten sie sich kaum vom Fleck. Anders die neuen Generationen von Robotern. Als „Collaborative Machines" arbeiten sie Seite an Seite mit dem Menschen[99]. Ausgestattet mit Sensoren und Maschinellem Sehen unterbrechen sie ihre Arbeit, wenn ein Mensch zu nahekommt. Über Tablets können sie programmiert werden, oder einfacher, indem der Arm bewegt wird. Und da sie kleiner und leichter sind als ihre schwerfälligen Vorgänger, können sie leicht von einem Ort zum anderen transportiert werden.

Das McKinsey Global Institute[100] geht von einer sich beschleunigenden Entwicklung der Advanced Robotik aus. Den größten Bereich stellt dabei Robotic Human Augmentation (z. B. Roboterprothesen und Exoskelette) dar, gefolgt von Industrierobotern, chirurgischer Robotik, Personal und Home Robotern und Dienstleistungsrobotern. Für letzteren Bereich zeigt Momentum Machines neue Möglichkeiten auf: Ein bereits 2012 entwickelter Roboter kann vollautomatisch Burger zubereiten. Der Gast stellt seinen individuellen Wunsch-Burger zusammen. Der Roboter schneidet Tomaten und Zwiebel, grillt das Fleisch und serviert das Gericht. Kura Sushi, eine japanische Restaurantkette, setzt ebenfalls Roboter ein, um Sushi zuzubereiten. Kunden ordern über Touchscreens. Die Sushis werden serviert und die leeren Teller, die der Gast neben dem Tisch platziert, abgeräumt und abgespült. Der Roboter erstellt schließlich die Rechnung. Sushis in diesem Restaurant sind deutlich billiger als bei der Konkurrenz[101].

Die Chancen der Robotik sind groß: höhere Produktivität, bessere Qualität von Produkten, mehr Sicherheit, mehr Lebensqualität und eine Rückkehr der Produktion in Industrieländer. Es gibt aber auch gewaltige Herausforderungen – etwa in puncto Beschäftigung, für die Ausbildung der Mitarbeiter, das (Re)Design von Wertschöpfungsprozessen. Auch Wissensarbeit wird betroffen sein. Algorithmen und künstliche Intelligenz sind hier die Treiber. Und das führt uns zum nächsten Kapitel.

Algorithmen und künstliche Intelligenz

Lesen Sie folgende Textbeispiele. Welcher der Texte wurde von einem Journalisten verfasst und welcher durch einen Computeralgorithmus generiert?[102]

Reeva Steenkamp, Geliebte von Oscar Pistorius, wurde ermordet	**Reeva Steenkamp, Freundin des Sportlers Pistorius, ist tot**
CNN vermeldet, dass Reeva Steenkamp ermordet wurde. Der TV-Sender beruft sich dabei auf einen Polizeibericht. Der Mord passierte am Morgen des 14. Februars 2013 in einer Villa in Silver Lakes, Südafrika. Erste erschütternde Details sind bereits bekannt: Laut Meldung wurde Reeva Steenkamp erschossen. Ihr überraschendes Ableben sorgt für großes Bedauern, ein Verdächtiger ist derzeit noch nicht bekannt. Oscar Pistorius' Sprecherin Kate Silvers äußerte sich wie folgt: »Wir werden später eine Erklärung abgeben, derzeit fehlen uns schlicht die Worte.« Viel zu jung schied das südafrikanische Model aus dem Leben. Reeva wurde gerade mal 29 Jahre alt. Wir wünschen sowohl Ihren Eltern Simone und Adam als auch allen anderen Hinterbliebenen alle Kraft, die kommende schwere Zeit durchzustehen.	Reeva Steenkamp, Model und Freundin des Sportlers Oscar Pistorius, ist tot. Medienberichten zufolge gehen die Ermittler davon aus, dass die 29-Jährige vorsätzlich erschossen wurde. Der plötzliche Tod von Steenkamp löste in Südafrika Trauer aus. Am Valentinstag war sie in einer Villa im noblen Vorort Silver Lakes der südafrikanischen Stadt Pretoria aufgefunden worden, die 29-Jährige soll in den Morgenstunden aus dem Hinterhalt erschossen worden sein. Weitere Angaben zum Tathergang sowie zum Täter machten die Beamten bislang nicht. Steenkamp war nicht nur als Model, sondern auch als Freundin des Athleten Oscar Pistorius bekannt geworden. Ob der Sportler in Verbindung zu dem Tod steht, ist unklar. Pistorius' Sprecherin Katie Silvers sagte CNN: »Wir werden später eine Erklärung abgeben, derzeit fehlen uns schlicht die Worte.«

Kapitel 3: Die sieben Muster der Digitalen Transformation

Bevor wir Ihnen die Antwort verraten: Der Kommunikationswissenschaftler Mario Haim von der Ludwig-Maximilians-Universität (LMU, München) legte Probanden knapp tausend Texte über Sport und Finanzen vor – und das mit der Bitte anzugeben, welche vom Menschen und welche von Maschinen erstellt wurden. Unterschiede waren kaum erkennbar. Einzig: die Computertexte werden sachlicher und glaubwürdiger empfunden. Um die Frage aufzulösen: Der linke Text zum Fall Pistorius wurde durch einen Algorithmus generiert – er sollte „boulevardesk" klingen, wobei den Texten die gleichen Daten zugrunde lagen. Für Journalisten ist diese Form von „Wettbewerb" nichts Neues. Viele Texte, vor allem aus den Bereichen Finanzen und Sport, entstehen heute durch Algorithmen.

Im Jahre 1996 schlägt eine Maschine den amtierenden Schachweltmeister Kasparov. Ein Aufschrei geht um die Welt: Computer sind jetzt intelligenter als Menschen! Deep Blue schöpfte seine Überlegenheit hauptsächlich aus seiner Rechnerleistung. 2011 gewinnt IBM Watson die Fernseh-Quiz-Show Jeopardy! Er kann bereits auf die 100-fache Rechnerleistung von Deep Blue zurückgreifen. IBM Watson hat die Fähigkeit, Fragen zu beantworten, die in natürlicher Sprache gestellt werden. Die Software basiert auf Inhaltsanalyse, Algorithmen der natürlichen Sprachverarbeitung, Information Retrieval, Maschinen-Lernen und künstlicher Intelligenz[103].

Zwischenzeitlich kennt IBM Watson wesentlich bedeutendere Einsätze. So etwa für die Krebsbehandlung. Stellen Sie sich dazu folgendes Szenario vor[104]. Lin Yamato, eine 37-jährige Japanerin, Nicht-Raucherin, wendet sich mit Atembeschwerden und anhaltendem trockenen Husten an ihren Hausarzt. Der Arzt stellt nach einem Lungenröntgen etwas Verdächtiges fest. Eine darauffolgende Computertomographie und eine Biopsie erhärten den Verdacht auf Krebs. Lin Yamato wird zum Spezialisten überwiesen. Dieser hat ein Tablet mit einer App zur Hand, in die er einzelne Patientendaten, die Symptome und Testergebnisse eingibt. IBM Watson wertet nun zahlreiche medizinische Guidelines, ca. 250.000 Artikel in wissenschaftlichen Zeitschriften, ca. 3.500 Bücher, 60.000 klinische Tests und über 100.000 andere Dokumente aus. Innerhalb von Sekunden vergleicht IBM Watson die vom Arzt eingegebenen Daten und Befunde mit den Datenbankeinträgen, schlägt weitere Tests vor und erstellt die Diagnose: Ursache für den Krebs ist eine seltene Genmutation. Nun werden drei Behandlungsmethoden vorgeschlagen, jede mit der entsprechenden Erfolgswahrscheinlichkeit (95 Prozent, 45 Prozent und 8 Prozent). IBM Watson kann damit dem Arzt wertvolle Unterstützung leisten: „Watson nutzt die Möglichkeiten der natürlichen Sprache, die Erzeugung von Hypothesen und das evidenzbasierte Lernen, um Ärzten bei Entscheidungen zu helfen. Beispielsweise kann ein Arzt Watson zur Unterstützung bei der Diagnose sowie der Behandlung von Patienten verwenden. Zuerst könnte der Arzt dem System eine Frage stellen und dabei die Symptome und weitere zugehörige Faktoren beschreiben. Watson beginnt dann mit der Analyse dieser Daten, um die wichtigsten Informationen zu ermitteln. Das System unterstützt medizinische Fachbegriffe, die seine Fähigkeit zur Verarbeitung natürlicher Sprache erweitern."[105]

In den letzten Jahren hat IBM seine Dienste mächtig ausgebaut, Stichwort: Watson Health Cloud, Daten von mehr als 300 Millionen Patienten, tausenden Kliniken und Gesundheitseinrichtungen und aus mehr als 1,2 Millionen wissenschaftlichen Publikationen[106]. Und der nächste Schritt zeichnet sich bereits ab: Im Bereich Radiologie sollen Ärzte bei der Diagnose von Computertopografien und bildgebenden Verfahren unterstützt werden.

Künstliche Intelligenz, d.h. der Versuch, Maschinen in die Lage zu versetzen, Tätigkeiten zu übernehmen, für die normalerweise menschliche Intelligenz nötig ist, hält Einzug in immer neue Bereiche und übertrifft nach und nach die menschliche Intelligenz. Das ist heute schon so bei den Spielen Dame, Backgammon, Schach, bei Kreuzworträtseln, Scrabble, Bridge, Jeopardy!, Poker und Go[107].

Nun können Computer auch unstrukturierte Fragen, in natürlicher Sprache gestellt, beantworten, können riesige Datenmengen durchforsten und Muster finden, können menschliche Handlungen erkennen und sogar Gesichtsausdrücke interpretieren. Selbst eine Automatisierung der Wissensarbeit ist möglich auf Basis von Algorithmen und künstlicher Intelligenz.

Frey und Osborne[108] untersuchten in ihrer Studie die Wahrscheinlichkeit, mit der einzelne Berufe in den nächsten 10 bis 20 Jahren durch die Digitalisierung verschwinden bzw. durch Algorithmen ersetzt werden:

- Erstellung von Steuererklärungen (99 Prozent)
- Kreditanalysten (98 Prozent)
- Buchhalter und Auditoren (94 Prozent)
- Versicherungsmakler (92 Prozent)
- Immobilienmakler (86 Prozent)
- VorstandssekretärInnen und -assistentInnen (86 Prozent)
- ...

Zugegeben, die Expertenmeinungen zur Zukunft der künstlichen Intelligenz gehen bisweilen weit auseinander[109]. Kombiniert man die einzelnen Befragungen, dann kommt man aber zu einer Wahrscheinlichkeit von 50 Prozent, dass bis 2050 das menschliche Niveau erreicht sein wird[110].

Wir sind also umgeben von digitalen Technologien und Entwicklungen, die sich mit atemberaubender Geschwindigkeit fortsetzen. Schnelle Reaktion wird entscheidend. Das verlangt den Unternehmen einiges ab. Hinzu kommt die Kombinatorik der Innovation – dem widmen wir uns im nächsten Kapitel.

Die Kombinatorik der Innovation und das Auflösen von Branchengrenzen

Das McKinsey Global Institute[111] legt 2013 eine Liste mit den 12 wichtigsten disruptiven Technologien vor: Das Mobile Internet, die Automatisierung der Wissensarbeit, das Internet der Dinge, Cloud Technologien, Advanced Robotics, Autonomes und teilautonomes Fahren, Next-Generation Genomics, Energiespeicherung, 3D-Druck, Advanced Material, Advanced Gas and Oil Exploration and Recovery und Erneuerbare Energien[112]. Jede dieser Technologien hat das Potential, Branchen zu verändern. Ja mehr noch, es macht einzelne Rollen in Branchen überflüssig und lässt neue entstehen. Das stellt Unternehmen vor große Herausforderungen: Schritt zu halten und ihren Platz in der eigenen Industrie zu sichern/neu zu finden. Nun stellen Sie sich aber vor, dass diese Technologien branchenübergreifend kombiniert werden. Damit verliert die eigene Branche ihren Stellenwert als Bezugspunkt des strategischen Denkens und Handelns. Es reicht nicht mehr aus, die eigene Branche zu kennen, die Entwicklungen darin zu beobachten, den Wettbewerb im Auge zu behalten und die Technologien zu beherrschen. Der Fortschritt ist exponentiell, digital und *kombinatorisch*[113].

Brynjolfsson und McAfee[114] beschreiben das in ihrem Buch „The Second Machine Age" so: „Ist Innovation tatsächlich ein Rekombinationsphänomen, zeichnet sich ein Problem ab: Wenn die Zahl der Bausteine explodiert, besteht die größte Schwierigkeit darin, zu erkennen, welche Kombinationen daraus jeweils von Wert sind" (S. 101) und sie zitieren Martin Weitzmann[115], der davon ausgeht, dass sich Wissen mit der Zeit selbst vermehrt, wenn bestehende „Wissenskeime" zu neuen kombiniert werden: „In einer solchen Welt könnte sich das Wirtschaftsleben allem Anschein nach immer mehr um die zunehmend intensivere Verarbeitung der immer größeren Zahl der neuen „seed ideas" zu funktionsfähigen Innovationen drehen … In den frühen Entwicklungsstadien wird das Wachstum durch die Zahl neuer Ideen gebremst, später dann nur noch durch die Fähigkeit zu ihrer Verarbeitung."

Folgen wir einmal den Gedankengängen von Peter Diamandis[116]. Im Jahre 2010 waren etwa zwei Milliarden Menschen mit dem Internet verbunden. Im Jahre 2020 werden es fünf Milliarden sein, die am globalen Kommunikationsnetzwerk teilnehmen: „Anstelle von wirtschaftlichem Stillstand sehe ich einen der größten wirtschaftlichen Anschübe der Geschichte. Diese Menschen repräsentieren mehrere Trillionen Dollar, die in die globale Wirtschaft fließen werden. Und sie werden durch die Nutzung des Tricoders gesünder werden, und sie werden besser ausgebildet durch die Khan-Akademie, und dadurch, dass sie die Möglichkeit haben werden, 3D-Drucker und „Infinite Computing" einzusetzen, und so viel produktiver sein als jemals zuvor … Also was können 3 Milliarden wachsende, gesunde, gebildete, produktive Mitglieder der Menschengemeinde uns bringen? Wie wäre es mit einem Satz neuer, nie zuvor gehörter Stimmen. ... Was werden diese drei Milliarden Menschen mitbringen?"[117] Diese Menschen werden nicht nur Wissen konsumieren, sie werden auch Wissen generieren und mit vollkommen neuen Ideen Innovationen hervorbringen.

Historisch betrachtet war Wissen in Organisationen und Gesellschaften hierarchisch organisiert. An der Spitze liefen die Informationen zusammen. Führungskräfte, Politiker und andere Entscheidungsträger verfügten über ausreichende Informationen, um Entscheidungen zu treffen. Heute ist Wissen ubiquitär: allgegenwärtig – jederzeit und überall[118]. Niemand kann mehr sagen, woher die nächste große Idee kommen wird.

Vor drei Jahren hätte wahrscheinlich keine Bank vermutet, dass WhatsApp mit einem mobilen Zahlungsdienst, der gerade in Indien getestet wird, zu einem möglichen Konkurrenten wird. Vor fünf Jahren hätte wahrscheinlich kaum ein Energieversorgungsunternehmen vermutet, dass Google in diesem Milliardenmarkt mitspielen wird (durch den Kauf von Nest) und kaum ein Automobilhersteller hatte Google & Co als Konkurrenten bei der Digitalisierung des Autos am Radar. Wer hätte vermutet, dass ein Softwareunternehmen (oder Technologieunternehmen, oder wie immer man Uber bezeichnen möchte) zum größten Anbieter von Taxidienstleistungen wird und dass ein Softwareunternehmen (oder Technologieunternehmen, oder wie immer man Airbnb bezeichnen möchte) zum weltweit größten Beherbergungsunternehmen wird? Die Zukunft der Innovation ist also kombinatorisch: Unterschiedliche neue Technologien werden miteinander verknüpft und aus der Verknüpfung ergeben sich unüberschaubare neue Möglichkeiten.

In Deutschland gibt es geschätzte 400 Fintechs, die neue digitale Geschäftsmodelle entwickeln und testen. Banken beruhigen sich mit der Annahme, dass 95 Prozent davon sowieso nicht funktionieren. Was aber, wenn ein oder zwei tatsächlich erfolgreich sind? Vergleichen Sie eine Großbank mit einem riesigen Tanker im Ozean und die Fintechs mit Schnellbooten, die jeweils mit einem Torpedo ausgestattet sind. Da hilft es wenig, wenn 95 Prozent nicht treffen: Ein Treffer reicht vollkommen aus! Keine etablierte Großbank kann aber gleichzeitig 400 neue Geschäftsmodelle testen, um zu sehen, welches funktioniert! Immer häufiger treten Spieler auf den Plan, die vorher niemand kannte und sie verfügen über „unfaire" Geschäftsmodelle. Unfair deshalb, weil sie sich nicht um Traditionen scheren und etablierte Wertschöpfungsstrukturen missachten. Was dabei auffällt: Das „Neue" ist nicht unbedingt neu. 90 Prozent aller Geschäftsmodellinnovationen sind nichts anderes als Imitationen oder Rekombinationen von existierenden Geschäftsmodellen aus anderen Branchen[119].

Die Kombinatorik der Innovation und die Ubiquität des Wissens wirken als zentrale Merkmale der digitalen Transformation und führen zu ungeahnten Innovationsschüben. Branchen, verstanden als abgeschlossene Räume, in denen ähnlich aufgestellte Unternehmen nach bekannten Spielregeln um die Gunst der Kunden buhlen, gehören der Vergangenheit an. Unternehmen, die nicht in der Lage sind, ihre Agilität und Offenheit zu steigern, kommen in große Schwierigkeiten.

„The Winner Takes It all" – Monopolbildung durch Netzwerkeffekte

Mit einer Bewertung von 62,5 Milliarden US-Dollar führt der amerikanische Online-Vermittlungsdienst für Fahrdienstleistungen Uber die Unicorn-Liste an (Stand Juli 2016). Zum Hintergrund: Die Unicorn-Liste reiht Start-ups auf, die noch nicht an der Börse notiert, aber bereits einen Wert von einer Milliarde und mehr Dollar haben. Uber wurde 2009 in Kalifornien von Garret Gamp und Travis Kalanick ursprünglich als Limousinenservice gegründet und später ausgedehnt[120]. Die Inspiration für einen Online-Vermittlungsdienst kam, als die beiden bei dichtem Schneetreiben in Paris kein Taxi fanden. Sie entwickeln eine App, bei der sich Kunden registrieren und ihre Kreditkarteninformationen eingeben. Bei Beförderungs-Bedarf wird die App geöffnet, diese identifiziert Uber-Fahrer in der Nähe, die sofort reagieren. Kunden können die Anfahrt verfolgen, die Bewertungen der Fahrer durch andere Kunden einsehen und auch einen Fahrer ablehnen. Der Fahrer verwendet ein GPS-System, um den Kunden an das

Kapitel 3: Die sieben Muster der Digitalen Transformation

Ziel zu bringen. Die Bezahlung erfolgt bargeldlos über Kreditkarte. Geld verdient Uber über Provisionen. Übrigens: Auch die Fahrgäste unterliegen einer Bewertung. Diesmal durch die Uber-Fahrer. Fahrer können auch Gäste ablehnen. „Heat Maps" zeigen den Fahrern, wo gerade viel Nachfrage ist und es werden intelligente Systeme verwendet, die dem Fahrer voraussagen, wo am meisten Nachfrage zu erwarten ist. Das bringt Vorteile für beide: Den Kunden und den Fahrer. Der Fahrgast muss nicht lange warten. Der Fahrer macht mehr Geschäft. Uber verzeichnet ein Rekordwachstum. Innerhalb von wenigen Jahren ist Uber in über 70 Ländern und über 400 Städten präsent[121]. Das schnelle Wachstum des Online-Vermittlungsunternehmens lässt sich über Netzwerkeffekte erklären. Ein Phänomen, das bei vielen digitalen Geschäftsmodellen wirkt und leicht zu Monopolbildung führen kann.

Ein Netzwerkeffekt entsteht, wenn sich der Nutzen eines Produktes oder einer Dienstleistung mit der Zahl der Kunden verändert. Im Falle von positiven Netzwerkeffekten steigt der Nutzen für einen Kunden, je mehr andere Kunden dieses Produkt verwenden. Denken Sie an Facebook, Twitter, WhatsApp, Instagram oder einfach an das Faxgerät. Shapiro und Varian[122] sprechen von Virtuous Cycles: Ein Produkt gewinnt an Wert, je häufiger es von anderen Kunden benutzt wird. Die Netzwerkgröße entscheidet. Das Metcalfe'sche Gesetz, eine Faustregel über Kosten-Nutzen-Verhältnisse von Kommunikationssystemen, beschreibt, wie der Nutzen proportional zur Anzahl der Verbindungen zwischen den Teilnehmern (d.h. dem Quadrat der Teilnehmerzahl) wächst. Ein einzelner WhatsApp-User hat keinen Nutzen von diesem Dienst. Je mehr User WhatsApp verwenden, umso wertvoller wird es. Solche Effekte treten auch bei „Two-Sided-Markets" auf, vor allem bei digitalen Plattformen. Hier steht ein Vermittler zwischen unterschiedlichen Parteien, wie etwa Amazon, Ebay oder Uber. All diese Geschäftsmodelle neigen durch Netzwerkeffekte schließlich zu Monopolbildung. Dazu Shapiro und Varian in ihrem Buch über die Netzwerkökonomie bereits im Jahre 1999: „Das waren angenehme Zeiten, in denen Marktanteile nur langsam stiegen oder fielen … Im Unterschied dazu wird die Informationswirtschaft von temporären Monopolen geprägt … Die alte industrielle Wirtschaft wird getrieben von Skaleneffekten, die neue Informationswirtschaft von Netzwerkeffekten."[123]

Kommen wir zurück zu Uber – um an diesem Beispiel die Netzwerkeffekte zu veranschaulichen[124]:

1. Je mehr Uber-Fahrer es gibt, umso attraktiver wird Uber für potenzielle Kunden, da sich Wartezeiten deutlich verkürzen. Je kürzer die Wartezeiten, umso größer die Zufriedenheit. Je größer die Zufriedenheit, umso häufiger wird Uber verwendet und weiterempfohlen.
2. Je mehr Uber-Kunden es gibt, umso attraktiver wird Uber für potenzielle Fahrer, da sie mit besserer Auslastung und damit mit mehr Geschäft rechnen können.
3. Netzwerkeffekte gibt es auch beim Data Analytics System, das mit einem entsprechenden Algorithmus vorhersagt, wo Nachfrage zu erwarten ist. Je mehr Uber-Fahrer Daten liefern, umso präziser werden die Vorhersagen. Je präziser die Vorhersagen, umso mehr Uber-Fahrer werden an den Hotspots präsent sein und auf Kunden warten. Je mehr Uber-Fahrer dort warten, umso attraktiver für den Kunden und damit steigen die positiven Bewertungen usw.
4. Positive Feedback-Effekte erzeugt auch das Bewertungssystem von Fahrer und Fahrgast in der App. Schlechte Bewertungen führen dazu, dass schlechte Fahrer (weil sie z. B. unfreundlich sind, während des Fahrens das Smartphone benutzen, usw.) seltener gebucht werden – gute Fahrer öfters. Damit werden negative Erlebnisse seltener, die Zufriedenheit steigt. Und mit steigender Zufriedenheit steigt die Nachfrage ....
5. Schließlich kann man auch bei den Investoren positive Feedback-Effekte sehen. Je stärker Uber wächst, umso attraktiver wird es für Investoren. Je mehr (Wagnis)Kapital in das Unternehmen fließt, umso größer der Spielraum für Erhaltungs- und Erweiterungsinvestionen in das Geschäftsmodell.

Verantwortlich für „The Winner Takes It All" sind neben Netzwerkeffekten auch die enorme Geschwindigkeit und Reichweite, die digitale Geschäftsmodelle erreichen. Einmal digitalisiert, kann sich ein digitales Produkt oder eine digitale

Kapitel 3: Die sieben Muster der Digitalen Transformation

Dienstleistung in Windeseile verbreiten – auf der ganzen Welt. War früher der Vertrieb und der Zugang zu Märkten der Engpass in der Expansion, ist Innovationsdiffusion im Zeitalter der Digitalisierung oft nur eine Frage von Stunden oder Tagen. Das Computerspiel „Angry Birds" wurde, sobald es auf Android verfügbar war, innerhalb von 24 Stunden mehr als eine Million Mal heruntergeladen. Bereits nach sieben Monaten war die 200 Millionen Download-Marke überschritten[125]. Ein anderes, sehr präsentes Beispiel ist „Pokemon Go". Drei Wochen nach Verfügbarkeit war es bereits über 75 Millionen Mal heruntergeladen. Stellen Sie sich die Verbreitungsgeschwindigkeit dieser Spiele vor, wenn man sie auf CD vertreiben müsste!

Larry Downes und Paul Nunes, die zahlreiche disruptive Entwicklungen untersuchten, prägen den Begriff „Big Bang Disruptions"[126]. Big Bang Disruptionen haben für sie zwei Merkmale.

Erstens: Sie sind nicht nur besser, sondern auch billiger als etablierte Lösungen. Der Grund ist meist, dass digitale Lösungen auf exponentiellen Technologien beruhen. Dabei sind es nicht die etablierten Hersteller, die diese disruptiven Lösungen einspielen, sondern in aller Regel kleine Start-ups[127]. Das Rad wird dabei nicht immer neu erfunden, sondern existierende Technologien zu neuen, disruptiven Lösungen zusammengeführt. Denken Sie beispielsweise an Navigationsapps, die heute praktisch auf jedem Smartphone zu finden sind. War man früher bereit, ein paar hundert Euro für ein GPS-Navigationsgerät auszugeben, nutzt man heute die Gratisapp. Sie wird permanent weiterentwickelt und über die Cloud aktualisiert.[128]

Zweitens: Big Bang Disruptionen erleben ungebremstes Wachstum. Downes und Nunes stellten ein Diffusionsmuster fest, das sich vom klassischen stark unterscheidet (siehe Abbildung 3.4). In der klassischen Innovationsdiffusion werden nacheinander unterschiedliche Kundengruppen angesprochen: Zunächst die Innovatoren, die sich auch mit „brüchigen" Lösungen zufriedengeben, Hauptsache sie sind neu. Dann die Frühadoptoren, es folgt der Massenmarkt, bevor schließlich die „Nachzügler" das Produkt oder die Dienstleistung kaufen[129]. Die Verbreitung erfolgt „geplant", dafür aber relativ langsam. „Big Bang Disruptions" folgen einer anderen Logik: Am Anfang stehen ein erkanntes Bedürfnis und kleine Versuche für ein neues Produkt oder eine Lösung, gepaart mit der Suche nach einem rudimentären Geschäftsmodell. Das muss nicht zwingend erfolgreich sein. Sobald das Geschäftsmodell erste Tragfähigkeit aufweist, schlägt sich dies in einer explosionsartigen Marktentwicklung nieder. Digitale Produkte können beliebig oft zu extrem niedrigen Kosten und sofort vervielfacht werden, die Kopie ist gleich gut wie das Original[130]!

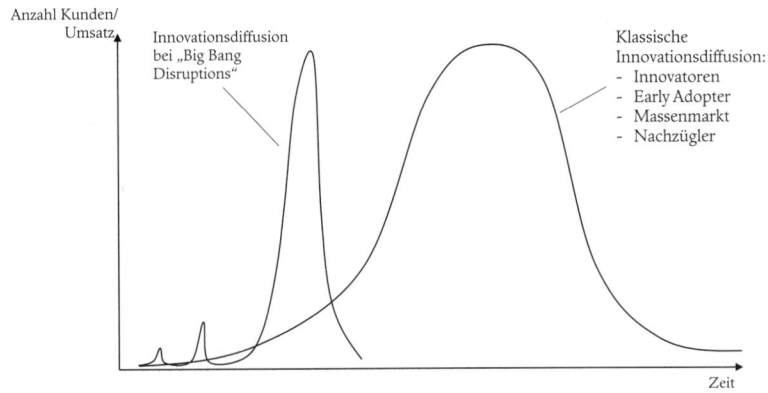

Abbildung 3.4: Big Bang Disruptionen[131]

Ist eine „Big Bang Disruption" nicht nur eine kurzfristige Mode und weist sie Netzwerkeffekte auf, so gelingt es nach und nach, ein Geschäftsmodell zu etablieren, dann sind Monopole sehr wahrscheinlich, was dem Ganzen hohe Anziehungskraft verleiht.

Schließlich sind auch „Customer Lock-In" und das Setzen von Standards Gründe dafür, dass digitale Geschäftsmodelle zu Monopolbildungen neigen. Oft setzen digitale Geschäftsmodelle neue Standards. Diese erschweren Neueinsteigern den Markteintritt. Der Kampf der Automobilhersteller um immer wichtiger werdende Kundenschnittstellen ist hier nur ein Beispiel von vielen. Google versucht durch die Open Automotive Alliance (OAA) neue Standards im Bereich Mobilität und Vernetzung zu setzen. Etablierte Automobilhersteller hingegen konzentrieren sich auf die autonome Erweiterung ihrer

Angebotspalette um digitale Dienstleistungen. Es wird ein Wettkampf der Plattformen. Wer die meisten Nutzer auf seiner Seite hat, wird den Standard definieren[132]. In solchen Wettbewerbssituationen kann der „zweite Sieger (...) trotz überlegener Technik bereits der erste Verlierer sein"[133]! Geschwindigkeit ist Trumpf!

Zero Marginal Cost – Die Tendenz zur „Gratis-Ökonomie"

Die Jahrtausendwende war der Höhepunkt der Musikindustrie (siehe Abbildung 3.5). Mit fast 20 Milliarden Dollar erreicht sie eine Rekordumsatzmarke in den USA. Seither fallen die Umsätze um über 70 Prozent, inflationsbereinigt – und das obwohl noch nie so viel Musik konsumiert wurde wie heute. Schuld daran ist die Digitalisierung. Zunächst waren es illegale Download-Börsen – Stichwort Napster. Dann kamen Geschäftsmodelle wie iTunes, die es dem Kunden erlaubten, nur einzelne Songs zu kaufen und nicht auch solche, die man gar nicht hören wollte. Dann kam Musikstreaming. Gegen eine Flatrate lässt sich unbegrenzt Musik hören – Stichwort Spotify. Und Youtube & Co sorgen schließlich für weitere Umsatzeinbrüche.

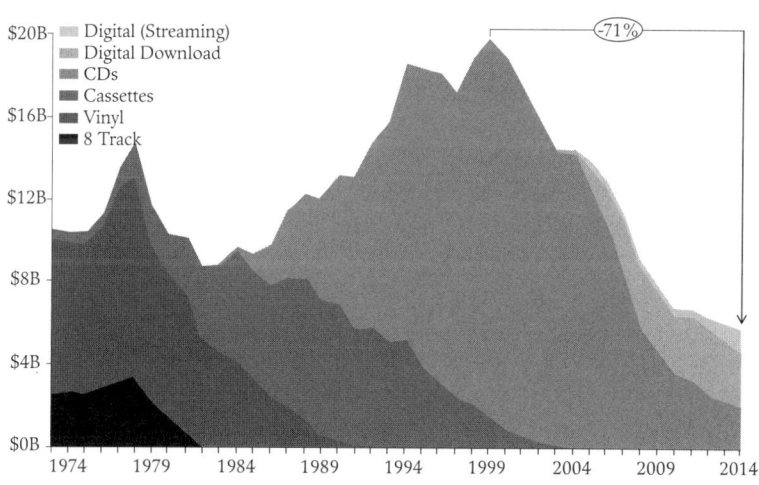

Abbildung 3.5: Umsätze in der US-Musikindustrie[134]

Analoge Entwicklungen sehen wir auch in anderen Bereichen: die Digitalfotografie lässt grüßen. Oder denken Sie an Online-Zeitungen, Wikipedia, an die neuen Kommunikationstechnologien (E-mail, Skype, WhatsApp), denken Sie an Google, Youtube oder Instagram, an Onlinespiele, Open Source, die Sharing-Economy, und denken Sie an Apps, oder auch an Online-Bildungsangebote wie MOOCS, usw.

Stichwort: Smartphone. Was hätten Sie noch vor gut zwanzig Jahren in Gerätschaft investieren müssen, um den gleichen Nutzen zu haben? Eine Videospielkonsole, eine Enzyklopädie, einen Musikplayer, eine Videokamera und einen Videoplayer, eine digitale Uhr, einen digitalen Voice-Recorder, ein GPS Gerät, ein Videokonferenzsystem. All das und vieles mehr haben Sie heute auf einem Smartphone. Peter Diamandis errechnet die stolze Summe von 900.000 Dollar (auf Basis von Anwendungen) im Sinne einer nutzenäquivalenten Investition[135]!

Nach Chris Anderson[136] und Jeremy Rifkin[137] ist die Gratisökonomie kein Nischenphänomen – ganz im Gegenteil. Sie ist typisch für die digitale Transformation. Sowohl Vervielfältigung als auch Verbreitung von digitalen Produkten führt lediglich zu marginalen Kosten. Das Beispiel „Buch" macht es greifbar. In gedruckter Form gibt es eine Menge variabler Kosten: Das Papier, die Tinte, die Verpackung, der Versand, usw. Einmal digitalisiert, stellt die Verbreitung keinen Kostentreiber mehr dar. Bei Amazon Kindle sind somit tausende an Klassikern kostenlos verfügbar.

Die logische Konsequenz: Die Digitalisierung eröffnet neue Spielräume in Bezug auf die Erlösgestaltung. Geschäftsmodelle lassen sich gestalten, in denen man Leistungen (vermeintlich) gratis anbietet. Facebook und Google folgen diesem Pfad. Die (Be-)Nutzung ist kostenlos. Bezahlt wird dann aber mit anderer „Währung", mit Daten und mit Werbung, die der Nutzer konsumiert. Eine weitere Ausprägung ist Freemium: Während Basisversionen des Leistungsbündels umsonst angeboten werden, fallen für die Premiumversion Gebühren an – ein typisches Erlösmodell für Online Spiele oder Softwarelösungen.

Auch die Sharing Economy und der kollaborative Konsum tragen zu sinkenden Preisen bei: „Prosumenten nutzen ge-

Kapitel 3: Die sieben Muster der Digitalen Transformation

meinsam selbst produzierte Informationen, Unterhaltung, grüne Energie, 3D-Druck-Erzeugnisse und Open-Online-Seminare in den kollaborativen Commons bei Grenzwertkosten von nahezu Null. Und nicht nur das. Sie teilen auch Autos, Wohnungen, ja selbst Kleidung mit anderen mittels Miete, Tauschringen und Kooperation zu niedrigen oder Nahezu-Null-Grenzwertkosten."[138]

Dank der exponentiellen Entwicklungen digitaler Technologien fallen auch deren Kosten dramatisch: Kostet beispielsweise ein Gigabyte Festplattenspeicher im Jahre 2000 noch 44 Dollar, sinkt der Preis im Jahre 2012 auf sieben Cent. Wollte man im Jahre 2000 ein Video streamen, bezahlte man dafür 193 Dollar pro Gigabyte, zehn Jahre später gerade noch 3 Cent[139].

Die Tendenz zur Gratisökonomie werden wir überall dort beobachten,

- wo Produkte und Dienstleistungen einer Digitalisierung zugängig sind (Musik, Bücher, Zeitungen, Zeitschriften, Software, Kommunikation, Spiele, Bildung usw.),
- wo Algorithmen und Apps Dienstleistungen automatisiert abbilden,
- wo über Sharing Economy Plattformen Menschen bereit sind, ihr Eigentum mit anderen zu niedrigen Kosten zu teilen,
- wo Menschen in Online Communities ihr Wissen zu Verfügung stellen und die Open Source-Philosophie praktizieren.
- Aber auch bei erneuerbaren Energien sehen wir die Nullgrenzkostenökonomie: Ist beispielsweise eine Photovoltaik-Anlage einmal installiert, ist Sonnenenergie gratis.

Die Gratisökonomie wirft zwei wichtige Fragestellungen auf. Erstens: Wie verdienen Unternehmen in Zukunft ihr Geld? Neben der Positionierung, dem Leistungsangebot und dem Marktangang rückt die Erlöslogik in den Mittelpunkt. Kommen wir zurück zur Musikindustrie. Der Rückgang der Umsätze zwingt dazu, kreativ über alternative Einnahmequellen nachzudenken. Als Folge widmen Künstler nun Konzertauftritten wieder mehr Zeit[140]. In den USA haben sich seit 1999 die Einnahmen aus dieser Quelle verdreifacht. Ein Großteil davon, über 80 Prozent, entfällt dabei auf Künstler, die nicht zu den Top Acts gehören, während die Top 100-Künstler noch im Jahre 1999 etwa 90 Prozent der Einnahmen generierten.

Besonders kreativ war Prince[141]. Im Juli 2007 verschenkt Prinz sein neues Album „Planet Earth" an 2,8 Millionen Leser der Londoner Zeitung Daily Mail im Wert von 19 Millionen Dollar (legt man den Verkaufspreis zugrunde)! Statt zwei Dollar Lizenzgebühren bezahlt die Tageszeitung pro CD gerade einmal 36 Cents. Die Auflage von Daily Mail steigt in der Folge um 20 Prozent. Das beschert zusätzliche Werbeeinnahmen. Aber das Geschäft macht Prince. Er geht im August auf Tour – alle 21 Konzerte sind restlos ausverkauft!

Schließlich stellt die Gratisökonomie die Art und Weise, wie wir Wachstum und Produktivität berechnen, in Frage. Seit Jahren sehen wir geringes Wachstum und geringe Produktivitätsfortschritte in den industrialisierten Ländern. Aber stimmt das wirklich? Wenn wir Dinge (nahezu) gratis konsumieren, für die wir früher viel bezahlt haben, wenn wir in der Sharing Economy Dinge teilen, statt sie zu kaufen, dann steigt auch der Wohlstand, wenngleich die volkswirtschaftliche Gesamtrechnung dies nicht abbildet. Eric Brynolfsson und Joo Hee Oh[142] haben im Jahre 2012 geschätzt, dass allein der Konsum von Gratisprodukten und -dienstleistungen im Internet in den USA zwischen 2007 und 2011 einen Wohlfahrtsgewinn von 159 Milliarden Dollar pro Jahr ausmachte – das entspricht ca. 0,74 Prozent des jährlichen Bruttoinlandsprodukts!

Minimale Transaktionskosten, die Makers' Revolution und die Peer-to-Peer-Economy

Ronald Coase (1910-2013) veröffentlichte im Jahre 1937 in der Zeitschrift Economica einen kurzen aber sehr einflussreichen Aufsatz mit dem Titel „The Nature of the Firm"[143]. Darin stellte er Überlegungen an, warum Unternehmen überhaupt existieren und warum es oft günstiger ist, Dinge selbst zu produzieren, als sie am Markt zu kaufen. Adam Smith hatte ja die Auffassung vertreten, dass sich jeder auf das konzentrieren sollte, was er am besten kann und damit Handel betreibe. Dahinter steht die Annahme, dass Märkte effizient seien.

Kapitel 3: Die sieben Muster der Digitalen Transformation 59

Coase war anderer Auffassung: Es existieren Transaktionskosten. Damit sind alle Kosten gemeint, die bei Anbahnung und Abwicklung von Geschäften entstehen, also Kosten für die Suche von Lieferanten, Verhandlungskosten, Abstimmungskosten, Qualitätskontrolle, Anpassungskosten usw. Diese Kosten können so hoch sein, dass es wirtschaftlicher ist, Dinge selbst herzustellen, als sie zu beschaffen. Damit gibt es zwei Logiken für ökonomische Transaktionen: Markt (d. h. Zukauf) oder Hierarchie (d. h. Eigenproduktion mit Aufbau einer entsprechenden Organisation). So liefern Transaktionskosten einen Grund, warum Unternehmen existieren. Lange Zeit schenkte man diesen Überlegungen nur wenig Beachtung. Erst in den 1970er Jahren, mit dem Aufkommen der Neuen Institutionenökonomie, wird dieser Arbeit von Coase die Aufmerksamkeit zuteil, die ihr gebührt. Ronald Coase erhält den Nobelpreis für Wirtschaftswissenschaften im Jahre 1991. Der Transaktionskostenansatz mutet zunächst recht theoretisch an. Das Ganze hat aber einen sehr praktischen Hintergrund: „Wer etwa Autos bauen und verkaufen will, muss Modelle entwickeln, Vorprodukte wie Bleche einkaufen, Bandstraßen errichten, Arbeitnehmer einstellen, die Qualität der fertigen Fahrzeuge kontrollieren und schließlich die Autos ausliefern. Jeder Unternehmer muss Informationen zusammentragen und Verträge aushandeln. Eine Vielzahl von ökonomischen Transaktionen sind notwendig, die Kosten verursachen – Transaktionskosten."[144] Für niemanden von uns wäre es von Vorteil, ein eigenes Auto zu bauen. Große Automobilhersteller können das viel besser und angesichts großer Stückzahlen, weitaus günstiger. Insgesamt sind deren Transaktionskosten ungleich geringer. Aber gilt diese „Gesetzmäßigkeit" auch in Zeiten der Digitalisierung? Fakt ist, mit der Digitalisierung ändern sich Transaktionskosten, sie fallen.

Folgt man der Transaktionskostentheorie, gilt folgender Zusammenhang: Je niedriger die Transaktionskosten, umso größer der Anreiz, Dinge nicht selbst zu produzieren, sondern sie am Markt zu kaufen. Niedrigere Transaktionskosten rütteln an bestehenden Geschäftsmodellen. Fallen nämlich Transaktionskosten, schwinden die Vorteile integrierter Wertschöpfungslogiken und damit die ökonomische Grundlage von integrierten Konzernen. Geschäftsmodelle, die weniger integriert sind und mehr auf Austauschleistungen basieren, gewinnen an Attraktivität. In manchen Fällen wird der Konsument zugleich zum Produzenten. Chris Anderson spricht in seinem Buch „Makers"[145] diesbezüglich von einer Demokratisierung der Produktion. Die fallenden Transaktionskosten versetzen Konsumenten in die Lage, Produkte selbst zu entwickeln und zu produzieren.

Autos werden normalerweise in riesigen Fabriken gebaut. Einige Jahre Entwicklungszeit sind nötig. Tausende Mitarbeiter sind zu koordinieren. Local Motors, ein amerikanisches Start-up-Unternehmen geht einen revolutionären Weg. Autos werden von einer Community entwickelt und kommen aus dem 3D-Drucker. So will man in den nächsten 10 Jahren 100 Mikrofabriken auf der ganzen Welt platzieren, um dort Autos lokal herzustellen[146]. Die Entwicklung der Autos folgt dem Open Source und Crowdsourcing-Prinzip[147]. 50.000 Techniker, Designer und Kreative mit unterschiedlichem Hintergrund und aus rund 130 Ländern denken im Rahmen von Ideenwettbewerben über Lösungen für Karosserie, Technik, Antrieb oder Ausstattung nach. Vorschläge werden im Forum diskutiert, die besten werden ausgewählt und prämiert. Die Ideen werden kostenfrei geliefert – auf Basis von „Creative Commons"-Richtlinien. Für umgesetzte Vorschläge werden Lizenzverträge ausgehandelt. Ein Jahr dauert so der Entwicklungsprozess[148]. Kunden können dann vor Ort, in den Microfactories, unter Anleitung von Fachpersonal ihr eigenes Auto zusammensetzen. Revolutionär ist auch der 3D-Druck. Strati hieß das erste Auto, das – ebenfalls durch Crowd-Sourcing entstanden – aus dem 3D-Drucker kam. Fertigungszeit: ganze 44 Stunden. Bald soll das Elektroauto in Serie gehen. Auch das Design für dieses Modell kam aus einer Crowdsourcing-Design-Challenge. Aus 200 Einreichungen wurde der Italiener Michele Anoé als Sieger gekürt. Sein Preisgeld: 5.000 Dollar.

Auch Top-Coder, im Jahre 2001 eher als klassisches Softwareunternehmen gegründet, verfolgt einen Crowdsourcing-Ansatz[149]. Anstatt tausende Programmierer selbst zu beschäftigen, nutzt man das Wissen Vieler, um Lösungen für Algorithmen, Software Designs, Softwarekomponenten

Kapitel 3: Die sieben Muster der Digitalen Transformation   61

zu finden oder in „Bug Races" Softwarefehler zu eliminieren. Eine Community, bestehend aus etwa einer Million Mitgliedern, beteiligt sich an diesen Wettbewerben. Die beste Lösung wird ausgewählt und prämiert. Das reduziert einerseits Entwicklungszeiten und schafft andererseits neue Qualitäten durch das Wissen Vieler, insbesondere Externer und erhöht schließlich auch die Umsetzbarkeit der Ideen. „With enough eyeballs all bugs ar shallow" – wie eine Softwaregesetz sagt. Community-Mitglieder wählen jene Challenges aus, in denen sie sich Gewinnchancen ausrechnen. Diese „Self Selection" führt dazu, dass nur die besten und motiviertesten Leute an einem Problem arbeiten, in Gegensatz zu manch anderem Unternehmen.

Zugang zu Ressourcen wird wichtiger als Besitz

Local Motors und Top-Coder sind auch Belege für Unternehmen, die mit nur einem Bruchteil der Ressourcen auskommen – verglichen mit traditionellen Unternehmen ihrer Zunft. Statt Heerscharen an Entwicklern zu beschäftigen, mobilisieren sie eine Community, um via Crowdsourcing die Entwicklungsherausforderungen zu meistern. Solche Zugänge zu Wissen werden sich mehr und mehr verbreiten.

Airbnb ist das größte Beherbergungsunternehmen der Welt, ohne auch nur ein einziges Hotel zu besitzen. Uber gehört kein eigenes Taxi und ist dennoch das größte Taxiunternehmen der Welt. Skype und WhatsApp zählen zu den größten Telekommunikationsanbietern – und das ohne eigene Infrastruktur.

Diese Beispiele stehen in gewissem Widerspruch zu dem, was die klassische Strategieliteratur lehrt. Unternehmen sollen einzigartige Kernkompetenzen aufbauen und nutzen; Kompetenzen, die Mehrwert am Markt generieren, schwer zu kopieren sind und auch nicht substituiert werden können[150]. Dieses Konzept der Kernkompetenzen geht auf einen Aufsatz von Prahalad und Hamel[151] in der Harvard Business Review im Jahre 1990 zurück, das den sogenannten „Resource-based View"[152] des Unternehmens populär gemacht hat: Nicht so sehr die Marktbedingungen, sondern vielmehr die idiosynkratische Ressourcenausstattung bestimmen den Erfolg eines Unternehmens. In eben diese strategisch wichtigen Ressourcen soll ein Unternehmen investieren, sie weiterentwickeln, bestmöglich schützen und unter eigenem Zugriff halten. Schließlich sind sie die Quelle von Wettbewerbsvorteilen. In einer Welt zunehmender Digitalisierung und Vernetzung können wir aber Unternehmen beobachten, die erfolgreich sind, ohne dass sie diese strategisch wichtigen Ressourcen oder Fähigkeiten selbst besitzen. Was sie aber beherrschen, ist der *Zugang* zu diesen Ressourcen oder Fähigkeiten.

Dieses Phänomen hat ganz wesentliche Konsequenzen:

- Zugang zu den besten Ressourcen: Dem Sun Microsystems-Gründer Bill Joy wird folgendes Zitat zugeschrieben: „No matter who you are, most of the smartest people work for someone else" – Open Management bzw. Crowdsourcing erlaubt es Unternehmen, auf Ressourcen und Wissen auch außerhalb des Unternehmens zuzugreifen. Innocentive ist eine Plattform, auf der Unternehmen komplexe Probleme zur Lösung ausschreiben. Die Grundidee ist einfach: Viele Unternehmen, auch wenn sie Experten in ihren Reihen beschäftigen, scheitern oft an schwierigen Fragen. Eine Ausschreibung über die Innocentive-Plattform bietet Zugang zu Leuten aus den unterschiedlichen Disziplinen, Ländern und Erfahrungshintergründen, die oft mit einer anderen Perspektive, anderen Heuristiken oder anderen Methoden an das Problem herangehen. Die beste Lösung wird prämiert. Fast 400.000 Experten, Wissenschaftler, Tüftler, Vor- und Querdenker haben sich auf dieser Plattform registriert. Über 2.000 solcher Wettbewerbe wurden bislang ausgeschrieben, etwa 60.000 Lösungen eingereicht und ca. 50 Millionen Dollar als Preisgelder ausbezahlt. Mittlerweile gibt es viele Plattformen, die nach diesem Prinzip funktionieren und manche von ihnen haben sich längst inhaltlich spezialisiert. Eine neuere Ausprägung ist Kaggle. Hierbei handelt es sich um eine Plattform, auf der Unternehmen Daten und Statistiken posten und Statistiker und Datamining-Experten aus der ganzen Welt im Wettbewerb für diese Unternehmen Modelle, Algorithmen usw. entwickeln.

- Hohe Flexibilität, geringe Fixkostenbelastung: Unternehmen greifen dann und nur dann auf Ressourcen zu, wenn Bedarf besteht. Das ist vor allem für kleinere Unternehmen und Start-ups von Vorteil, die nur bedingt eigene Ressourcen vorhalten können. Techshop, ein Silicon-Valley-Phänomen, geht hier voran:[153] Einer Mitgliedschaft in einem Fitnessclub nicht unähnlich, bekommt man gegen Zahlung einer monatlichen Gebühr Zugang zu teuren Maschinen. Interessant ist das vor allem für Kreative, Gründer, Start-ups und Kleinunternehmen. Auf Taskrabbit.com lassen sich einfache Tätigkeiten ausschreiben und auf Freelancer.de können Sie temporär Freischaffende (wie Programmierer, Web-Entwickler, Designer, Autoren oder Datenerfasser) anheuern.
- Skalierbarkeit: Uber und Airbnb wachsen unter anderem deshalb so schnell, weil ihr Geschäftsmodell auf *Zugang* zu nicht-genutzten Ressourcen (Autos bzw. Wohnungen) und nicht auf Besitz und Management dieser Ressourcen baut. Da sie Ressourcen weder erwerben noch entwickeln müssen und mithin keine Investments zu tätigen sind, ist die Skalierbarkeit des Geschäftsmodells gegeben. Tesco, die britische Supermarktkette, verfolgte vor einigen Jahren in Südkorea das Ziel, zur Nummer Eins zu werden – und das ohne in den Ausbau des eigenen Filialnetzes zu investieren. Die Lösung waren virtuelle Stores. In den U-Bahnen wurden Plakate angebracht, die aussahen wie Produktregale. Über QR-Codes und Smartphones können Kunden die Produkte bestellen, die direkt bezahlt und dann an die Tür geliefert werden.

Bereits im Jahre 2000 schrieb Jeremy Rifkin in seinem Buch The Age of Access (deutsch: Access. Das Verschwinden des Eigentums): „Was man sich vor allem klarmachen muss: Die vernetzte Wirtschaft wird von einer dramatischen Beschleunigung der technischen Innovation vorangetrieben, die sie wiederum ihrerseits beschleunigt. Weil Produktionsprozesse, technische Ausrüstung, Güter und Dienstleistungen in einer elektronisch geprägten Umgebung schneller veralten, wird langfristiger Besitz immer unattraktiver, der kurzfristige Zugang dagegen zu einer immer häufigeren Option."[154] Was zunächst für den Kunden in der Sharing Economy gilt[155], nämlich Zugang ist wichtiger als Besitz, wird zunehmend zu einer tragenden Säule für innovative Geschäftslogiken vieler Unternehmen.

Personalisierung und Dezentralisierung

Das Jahr 1913 wird als der Eintritt in das Zeitalter der Massenproduktion gesehen[156]. Mit der Erfindung der Fließbandproduktion gelang es Henry Ford, Autos herzustellen, die für den Massenmarkt erschwinglich waren. Seine Vision: ein Auto für die große Masse zu bauen: „Es soll groß genug sein für die Familie, aber klein genug für den Einzelnen zum Fahren und zum Unterhalten. Es soll konstruiert werden aus den besten Materialien, hergestellt durch die besten Arbeiter, nach dem einfachsten Design, welches moderne Ingenieurkunst hervorzubringen vermag. Der Preis wird so gering sein, dass jeder mit einem durchschnittlichen Einkommen in der Lage sein wird, es zu kaufen und mit seiner Familie glückliche Stunden der Freude in Gottes großer Natur verbringen kann. Wenn ich mein Ziel erreicht habe, wird sich jedermann ein Auto leisten können und jeder eines besitzen. Das Pferd wird von der Straße verschwunden und das Auto zur Selbstverständlichkeit geworden sein."[157] Innerhalb von nur wenigen Jahren steigert er die Produktion des Model T von 40.000 auf zwei Millionen Stück[158]. Durch Standardisierung und Skaleneffekte sinkt der Preis von 850 Dollar bei Markteinführung im Jahre 1909 auf 260 Dollar im Jahre 1924.

Massenproduktion basiert auf dem Prinzip niedriger Produktvarietäten und hoher Produktionsvolumina, auf Design to Produce, Fließbandfertigung und auf relativ niedrig qualifizierter Arbeitskräfte in der Produktion. „Any customer can have a car painted any color that he wants as long as it is black", sagte Ford über seine „Tin Lizzie". Und Massenproduktion geht mit Zentralisierung einher. Economies of Scale werden dann am besten genutzt, wenn möglichst große Stückzahlen an einem zentralen Standort produziert werden.

Ihren Höhepunkt erreicht die Massenproduktion in den 1950er Jahren. Sechs Modelle von GM, Ford und Chrylser

Kapitel 3: Die sieben Muster der Digitalen Transformation

machen 80 Prozent der Automobilpopulation in den USA aus[159]. Marktsättigung und daraus resultierender Wettbewerb zwingen Unternehmen nun einen Strategiewechsel auf. Durch mehr Produktdifferenzierung soll dem Wunsch nach Individualität entsprochen – stellenweise sogar überhaupt erst Kaufanreize geschaffen – werden. Die Varianten nehmen zu und mit ihnen die Volumina pro Variante ab. Flexible Automatisierung und modulare Produktarchitekturen ermöglichen in der Folge diese Entwicklung. Mass Customization als Denk- und Handlungsrahmen setzt sich seit den 1980er Jahren mehr und mehr durch (siehe Abbildung 3.6). Mit Konfiguratoren, die es dem Kunden ermöglichen, sein individuelles Auto zusammenzustellen, erreicht die Kundenorientierung einen nächsten Meilenstein.

Seit ca. 15 Jahren ist nun eine zunehmende Regionalisierung und Personalisierung der Produkte zu beobachten[160]. Industrie 4.0 wird diesen Trend deutlich verstärken.

Der Begriff Industrie 4.0 steht dabei „für die vierte industrielle Revolution, einer neuen Stufe der Organisation und Steuerung der gesamten Wertschöpfungskette über den Lebenszyklus von Produkten und Produktionssystemen. Dieser Zyklus orientiert sich an den zunehmend individualisierten Kundenwünschen

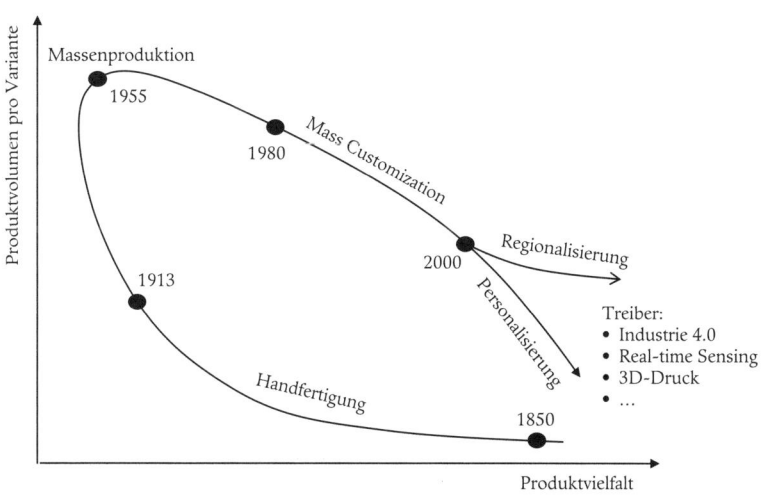

Abbildung 3.6: Geschichte der Produktion[161]

und erstreckt sich von der Idee, dem Auftrag über die Entwicklung und Fertigung, der Auslieferung eines Produkts an den Endkunden bis hin zum Recycling, einschließlich der damit verbundenen Dienstleistungen. Basis ist die Verfügbarkeit der relevanten Informationen in Echtzeit durch Vernetzung aller an der Wertschöpfung beteiligten Instanzen sowie die Fähigkeit, aus den Daten den zu jedem Zeitpunkt optimalen Wertschöpfungsfluss abzuleiten. Durch die Verbindung von Menschen, Objekten und Systemen entstehen dynamische, echtzeitoptimierte und selbst organisierende, unternehmensübergreifende Wertschöpfungsnetzwerke, die sich nach unterschiedlichen Kriterien wie bspw. Kosten, Verfügbarkeit und Ressourcenverbrauch optimieren lassen."[162]

Online-Konfiguratoren und Big Data-Anwendungen helfen dabei Kundenbedürfnisse präzise zu bestimmen. In der „intelligenten Fabrik" werden Produktions- und Logistikprozesse unternehmensübergreifend vernetzt. Das führt uns hin zur „Fabrik der Zukunft": „Intelligente Maschinen koordinieren selbstständig Fertigungsprozesse, Service-Roboter kooperieren in der Montage auf intelligente Weise mit Menschen, (fahrerlose) Transportfahrzeuge erledigen eigenständig Logistikaufträge."[163]

In dem Maße, in dem wir uns der „intelligenten Fabrik" nähern, ergeben sich neue Möglichkeiten für große Unternehmen. Sie dringen via kundenindividueller Differenzierung in die Domäne von Kleinunternehmen vor.

Ein wesentlicher Treiber von Individualisierung und Regionalisierung ist der 3D-Druck. Er macht Konsumenten zu Produzenten. 3D-Druck unterscheidet sich von der subtraktiven Fertigung in einigen zentralen Aspekten.[164] Abgesehen von Software-Kenntnissen braucht 3D-Druck keine besonderen Fähigkeiten. Da viele Designs und Druckdatensätze entweder quelloffen oder über Online Communities erhältlich sind, fördert 3D-Druck Demokratisierung, Personalisierung und Regionalisierung. „E-Nable" ist ein gutes Beispiel: Pellegrine Hawthorne wurde ohne Finger an der linken Hand geboren. Im Jahre 2013 lernte er mittels 3D-Druck seine eigene Prothese fertigen. Daraufhin trat er der Online-Community E-Nable

Kapitel 3: Die sieben Muster der Digitalen Transformation

bei. Dahinter steht eine Gemeinschaft von Hobbyisten, darauf spezialisiert, leistbare, individuelle Prothesen für Menschen zu schaffen, die sich kommerzielle Prothesen nicht leisten können. Alles was sie brauchen, ist Zugang zu einem 3D-Drucker. Der Materialwert für eine Hand-Prothese beträgt etwa 50 Dollar, der Kaufpreis einer kommerziellen Prothese etwa das 200-fache!

3D-Druck ist der Gegenpol zur Massenproduktion. Massenproduktion erfordert Standardisierung. Standardisierung fördert Zentralisierung. 3D-Druck ermöglicht Differenzierung und Dezentralisierung. Chris Anderson verdeutlicht in seinem Buch *Makers*[165] am Beispiel einer Gummiente die gegenläufigen Herstellungslogiken zwischen Spritzgussverfahren und 3D-Druck (Abbildung 3.7). Will man eine Million Gummienten produzieren, dann ist Massenfertigung mittels Spritzgussverfahren nicht zu schlagen. Die erste Gummiente wird etwa 10.000 Dollar kosten. Schuld daran ist die Gießform, die zu erstellen ist. Mit jeder weiteren Gummiente lassen sich die Fixkosten auf die Ausbringungsmenge umlegen. Die Economies of Scale machen nun die Massenfertigung günstiger. Wählt man den 3D-Druck, kostet die Gummiente ca. 20 Dollar für Zeit und Material. Die Kosten der zweiten, dritten und die der hundertsten Ente sind gleich – es gibt keine Mengenersparnisse

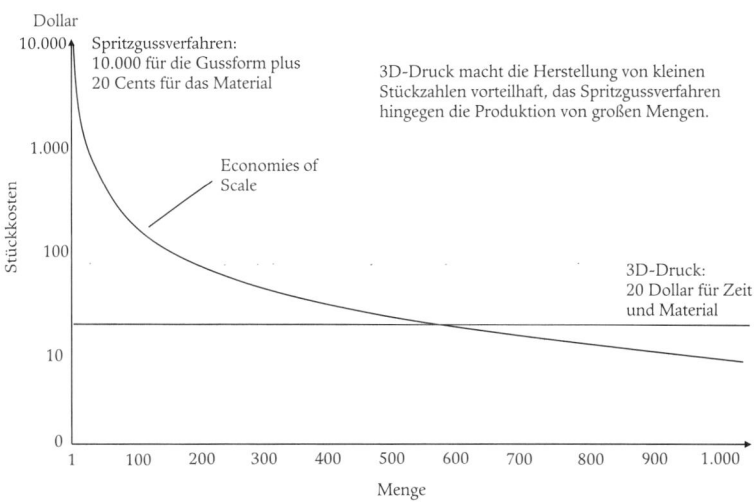

Abbildung 3.7: Gummiente: Massenfertigung versus 3D-Druck[167]

(siehe dazu Abbildung 3.7). 3D-Druck macht die Herstellung von kleinen Stückzahlen vorteilhaft, das Spritzgussverfahren hingegen die Produktion von großen Mengen. Jeremy Rifkin weist zudem darauf hin, dass im Vergleich zur subtraktiven Fertigung bei 3D-Druck deutlich weniger Material verbraucht wird – nur etwa ein Zehntel, so seine Einschätzung[166].

Schließlich verstärken auch die „Makerspaces" den Trend zu Personalisierung und Dezentralisierung. Das sind öffentlich zugängliche Werkstätten, die Start-ups, Bastlern, DIY-Aktiven und Kreativen Geräte wie 3D-Drucker, CNC-Maschinen, Laser Cutter oder 3D-Scanner zugänglich machen.

Kapitel 4:
Warum Industrie 4.0 nicht reichen wird

Industrie 4.0, wie gerade eben definiert, wird Unternehmen effizienter machen. Eine Studie der Boston Consulting Group prognostiziert, dass Produktionssysteme bis zu 30 Prozent schneller und 25 Prozent effizienter werden[168]. Das sind deutliche Kostenvorteile und sie sind auch wichtig. Sie werden dazu beitragen, dass Unternehmen wettbewerbsfähig bleiben und sie werden auch dazu beitragen, dass Teile der Produktion von Niedriglohnländern wieder zurück in Industrieländer verlagert werden – was bereits in vollem Gange ist. Tatsächlich konzentriert sich in Deutschland die Digitalisierungsdiskussion sehr stark auf das Thema Industrie 4.0. Über 40 Prozent der Vorstände und Geschäftsführer sehen in der Kostensenkung die vorrangige Bedeutung der Digitalisierung[169]. Digitale Transformation ist aber sehr viel mehr. Das Thema lediglich auf Effizienzsteigerung zu reduzieren, halten wir für einen Fehler. Unsere Meinung lässt sich mit einer Theorie abstützen, die Harvard-Professor Clayton Christensen[170] verwendet, um makroökonomisches Wachstum (bzw. Stagnation) zu erklären. Er unterscheidet drei Arten von Innovationslogiken, die unterschiedlich mit Wachstum zusammenhängen:

1. Innovationen, die neue Nachfrage generieren: Sie schaffen entweder neue Märkte oder transformieren teure, komplexe Lösungen in einfache, günstige Varianten, um sie damit einer großen Zahl von Konsumenten überhaupt erst zugänglich zu machen. Tablets sind ein Beispiel für die erstgenannte Kategorie. Das Model T von Ford, das Transistor-Radio, der PC, usw. sind Beispiele für Zweiteres. Diese Innovationen erfordern hohe Investments. Sie schaffen neue Arbeitsplätze und generieren Wachstum. Die Digitalisierung von Produkten und Dienstleistungen zählen für uns in diese Innovationskategorie, vorausgesetzt man findet dafür tragfähige Geschäftsmodelle.
2. Evolutionäre Innovationen: Bestehende Produkte werden durch neue, d.h. verbesserte oder weiterentwickelte Modelle

ersetzt. Das iPhone 6 ist ein Beispiel dafür. Kommt das neue Smartphone auf den Markt, ersetzt es das alte. Wer das iPhone 6 kauft, kauft nicht mehr das iPhone 5 und auch kein Samsung. Für das einzelne Unternehmen sind diese Innovationen zwar notwendig, um die Marktposition zu halten – oder gar leicht zu steigern –, aber gesamtwirtschaftlich wirken sie sich nicht auf Beschäftigung und Wachstum aus. Zu dieser Kategorie zählen für uns Innovationen, die einen digitalen Zusatznutzen schaffen, um damit Produkte oder Dienstleistungen vom Wettbewerb zu differenzieren.

3. Schließlich Effizienzinnovationen: Diese Innovationen reduzieren den Bedarf an Ressourcen im Zuge der Herstellung. Sie eliminieren Arbeitsplätze, weil sie Prozesse effizienter machen, helfen aber auch, Arbeitsplätze zu sichern, etwa im Wettbewerb gegen Konkurrenten aus Niedriglohnländern. In diese Innovationskategorie fallen effizienzsteigernde Maßnahmen wie Automatisierung, Robotik usw. Und eben hier lässt sich das einsortieren, was hierzulande unter Industrie 4.0 diskutiert und umgesetzt wird.

Innovationen, die neue Märkte schaffen, generieren Arbeitsplätze und induzieren Wachstum. Evolutionäre Innovationen sind ein Nullsummenspiel. Und Effizienzinnovationen vernichten Arbeitsplätze. Branchen durchlaufen typischerweise einen Zyklus: Von der marktgenerierenden Innovation, über die evolutionäre Innovation hin zur Effizienzinnovation. Jede dieser Innovationsarten ist wichtig. Und jede verfolgt ihren Zweck. Der erste Typus schafft Märkte. Evolutionäre Innovationen und Effizienzinnovationen helfen Marktpositionen abzusichern. Einsparungen, die durch Effizienzinnovationen möglich werden, stehen für evolutionäre Innovationen und New-Market-Innovationen zur Verfügung. So bleiben Unternehmen (und auf übergeordneter Ebene ganze Volkswirtschaften) im Gleichgewicht und lebensfähig.

Solange mehr Arbeitsplätze durch marktgenerierende Innovationen geschaffen, als durch Effizienzinnovationen vernichtet werden, gibt es Wachstum. Fließen aber Ersparnisse, die durch Effizienzinnovationen erzielt werden, nicht in die Entwicklung neuer Produkte oder Geschäftsmodelle, sondern nur noch in die inkrementellen Weiterentwicklungen oder gar

Kapitel 4: Warum Industrie 4.0 nicht reichen wird 71

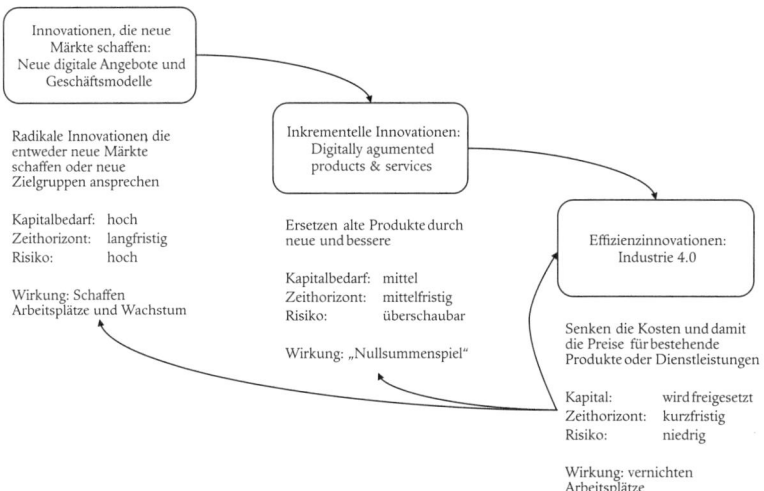

Abbildung 4.1: Innovation und Wachstum[171]

in Effizienzinnovationen, kommen Unternehmen (und auch ganze Volkswirtschaften) in einen Circulus Vitiosus: Effizienzinnovationen setzen Arbeitskräfte frei. Weniger Beschäftigung heißt weniger Nachfrage. Weniger Nachfrage erhöht den Druck auf die Preise. Mehr Druck auf Preise erfordert mehr Effizienzinnovationen. Mehr Effizienzinnovationen setzen mehr Arbeitskräfte frei usw.

Als Ford in den 1950er Jahren ein hochautomatisiertes Werk in Cleveland, Ohio eröffnete, führte ein hochrangiger Manager den Gewerkschaftsboss Walter Reuther durch die Hallen und fragte ihn in sehr ironischem Ton: „Ich bin gespannt, wie Sie diese Maschinen dazu bringen werden, Gewerkschaftsbeiträge zu bezahlen?" Walter Reuther antwortete – ebenfalls in ironischem Ton: „Und ich bin gespannt, wie Sie diese Maschinen dazu bringen werden, Ihre Produkte zu kaufen!"

Industrie 4.0 ist entscheidend für die Wettbewerbsfähigkeit unserer Unternehmen. Digitalisierung aber nur auf Effizienzsteigerung auszurichten – so wie es im Moment vielerorts der Fall ist – greift zu kurz. Die Effizienzgewinne nehmen uns in eine kreative Pflicht. Um das Beschäftigungsvakuum zu füllen, das durch Automatisierung, Robotik, künstliche Intelligenz usw. entstehen wird, müssen wir mehr über neue digitale

Produkte und Dienstleistungen nachdenken. Am Ende geht es um das (Er-)Finden neuer Wachstumsräume und das Kreieren digitaler Geschäftsmodelle. Nur so können wir Wachstum erzielen.

Teil 2

Kapitel 5:
Digitale Disruption

In den 1960er und 70er Jahren war „Peace" *das* Wort in Kalifornien. Heute ist es „Disruption"[172]. Disruption ist auch das Wort des Jahres 2015 unter den Managern in Deutschland: „'Disruption' ist immer und überall. Alles und jedes wird 'disrupted' ... kein Meeting in Banken, Handel oder Industrie ohne Disruption" heißt es in der Frankfurter Allgemeinen Zeitung[173]. Start-ups werden im Silicon Valley gegründet – und nicht nur dort – mit dem Ziel, ganze Branchen zu zerstören. Drei Kriterien machen einen Gründer aus, der in der Berliner Venture Capital-Szene Gehör findet: die Persönlichkeit, die Skalierbarkeit seiner Idee und das disruptive Potential[174].

Kodak und die Musikindustrie gelten als warnende Beispiele dafür, was passiert, wenn etablierte Unternehmen die Lage falsch einschätzen, auf die Fortentwicklung des Bekannten setzen und dabei Disruptionen verschlafen. Als Steve Sasson im Jahre 1975 die erste Digitalkamera präsentierte, war ihm selbst nicht klar, wie disruptiv diese Erfindung war und dass sie fast vierzig Jahre später eben das Unternehmen zu Fall bringen würde, für das er gerade arbeitete: Kodak. Die erste Digitalkamera wog ca. vier Kilo, der Fairchild-Chip brachte es auf eine Bildauflösung von 100 mal 100 Pixel (0,01 Megapixel) und es dauerte 23 Sekunden, bis das Bild auf einer Musikkassette gespeichert werden konnte. Steve Sasson erinnert sich zurück: „Nachdem wir ein paar Aufnahmen von den Teilnehmern des Meetings gemacht hatten und sie am Bildschirm des TV-Gerätes präsentierten, kamen die ersten Fragen. Warum sollte irgendjemand sein Foto auf einem Fernsehbildschirm sehen wollen? Wie sollen die Bilder gespeichert werden? Kann es so etwas wie ein elektronisches Fotoalbum geben? Wann wäre ein solches für eine breite Kundenschicht verfügbar? (...) Wir hatten keine Ahnung, wie wir diese Fragen beantworten sollten oder wie diese Herausforderungen zu meistern waren."[175]

Es dauert seine Zeit, bis die Digitalkamera ihre erste Marktnische findet und bis sie sich dann auch am Massenmarkt durchsetzte[176]. Die erste Anwendergruppe sind professionelle Vertreter der Studio-, Mode- und Werbefotografie. Dann, Mitte der 1990er Jahre, folgt die Reportagefotografie. Für den Massenmarkt ist die Digitalkamera noch immer zu teuer und die kompakten Digitalkameras sind von zu schlechter Qualität. Niedrige Auflösung, Bildrauschen und schlechte Farbdynamik „zeichnen" die Kompaktkameras dieser Zeit aus. Was aber jetzt schon erkennbar ist: Sobald die Probleme behoben sind, wird das Fotografieren ein anderes sein und sich in ganz anderen Geschäftsmodellen niederschlagen. Statt viel Geld für Filmrollen und Entwickeln auszugeben, wird Fotografieren gratis. Fotos kann man sofort betrachten, bearbeiten, per E-Mail (später über soziale Medien) versenden, ausdrucken und man kann digitale Fotoalben anlegen. 2002 verkündet Dr. Carver Mead von Foveon, dass sein neuer digitaler Sensor Auflösung und Farbe eines traditionellen 35 mm-Films übertrifft. Die Folge: 2003 werden erstmals mehr Digitalkameras als Filmkameras verkauft, 2005 waren es bereits viermal so viele[177].

Kodak beschäftigt Mitte der 1990er Jahre etwa 140.000 Mitarbeiter bei einem Marktanteil von 90 Prozent im amerikanischen Filmmarkt. Das Unternehmen gilt als Vorzeigeunternehmen, die Marke als eine Icon-Brand. 20 Jahre später gibt es Kodak nicht mehr. Gescheitert an einer disruptiven Innovation, einer Innovation, die man selbst entwickelte. Dabei wird heute so viel fotografiert wie nie zuvor: „Von den 3,5 Billionen Fotos, die seit der ersten Aufnahme einer geschäftigen Pariser Straße im Jahre 1838 geschossen wurden, wurden ganze zehn Prozent im letzten Jahr aufgenommen. Bis vor kurzem waren Fotos noch analog, und zu ihrer Herstellung waren Silberhalogenide und andere Chemikalien erforderlich. Heute besitzen mehr als 2,5 Milliarden Menschen eine Digitalkamera, und die allermeisten Fotos sind digital. Nach Schätzungen werden heute alle zwei Minuten mehr Fotos gemacht als im gesamten 19. Jahrhundert."[178]

Eine erstaunliche Entwicklung – und noch viel erstaunlicher ist die Tatsache, dass Kodak alle relevanten Patente auf die

Digitalkamera hält. Und doch gelingt es nicht, rechtzeitig auf diese neue Technologie umzusteigen.

Um das Scheitern von Kodak, aber auch andere „disruptive Schiffbrüche" zu verstehen, ist es hilfreich, sich die Merkmale von disruptiven Innovationen vor Augen zu führen[179]:

1. Disruptive Innovationen weisen im Vergleich zu etablierten Produkten hinsichtlich der Kundenanforderungen zunächst deutliche Leistungsnachteile auf: Mit einer Auflösung von 0,01 Megapixel war die Bildqualität im Jahre 1975 indiskutabel. Niedrige Auflösung, Bildrauschen und schlechte Farbdynamik hemmen die Verbreitung der Technologie.
2. Gleichzeitig weisen disruptive Innovationen Eigenschaften auf, die sich – abseits vom Massenmarkt – als wertvoll erweisen. Allerdings nur bei einer kleinen Randgruppe von Kunden, meist abseits vom großen Massenmarkt. Die Kunst ist es, diese Eigenschaften zu verstehen und in einem kreativen Suchprozess Segmente zu identifizieren, wo diese bei Anwendern punkten. So auch bei der Digitalkamera. Mit ihr kann man Bilder bearbeiten, speichern und versenden. Ein interessanter Aspekt, der aber erst dann relevant ist, sobald die Anforderungen an die Bildqualität erfüllt sind.
3. Der Markt und/oder das Anwendungsfeld sind anfangs nicht so ohne Weiteres zu bestimmen. Steve Sasson konnte sich im Jahre 1975 nicht vorstellen, wer sich für eine Digitalkamera interessiert und wo der Nutzen liegt. Auch Jahre später, als die Digitalkamera bereits massenmarkttauglich ist, gibt es noch immer keine zuverlässigen Prognosen über Marktentwicklungen – ein typisches Phänomen für disruptive und exponentielle Dynamiken: „Manager auf allen Ebenen unterschätzten das Wachstum des Marktes für Digitalkameras."[180] IDC, ein führendes Marktforschungsinstitut in diesem Bereich schätzt 2001 den Markt für 2005 auf 40 Millionen Geräte. Tatsächlich sind es dann doppelt so viele[181].
4. Für etablierte Unternehmen sind disruptive Innovationen zunächst uninteressant. Disruptive Innovationen finden ihren Ausgangspunkt in Nischenmärkten – also in Märkten mit (zunächst) recht überschaubarem Potenzial, die zudem schwer prognostizierbar sind. Im Fall der Digitalkamera

waren es Nischen wie Studio-, Mode- und Werbefotografie. Dann folgte die Reportagefotografie. Für diese Anwender waren Digitalkameras passend. Für den Massenmarkt aber viel zu teuer. Diese Erfahrung machte auch Leica: „Ende 1996 kam die S1 auf den Markt: 26 Millionen Bildpunkte und ein Preis von 33.000 DM. Obgleich die Kamera auch nach den heutigen Maßstäben Fotos in höchster Qualität ermöglicht, war sie für einen Gebrauch außerhalb eines Fotostudios ungeeignet."[182] Keiner konnte und keiner wollte sich so etwas leisten – sprich: zu wenig Marktpotenzial!
5. Die disruptive Technologie erfährt mit der Zeit Verbesserungen. Die Leistungsfähigkeit nimmt zu und trifft nach und nach auch die Anforderungen des Massenmarkts. Ist das der Fall, wird die disruptive Technologie zur ernsten Bedrohung für das Bestehende. Die Qualitätsverbesserung der Digitaltechnologie führt immer mehr an die Qualitätsanforderungen breiterer Marktsegmente. 2002 überholt die Digitaltechnik mit einer Auflösung von 10-12 Megapixeln die Qualität der Filmfotografie. Der Markt wechselte von analog zu digital. Bereits 2003 wurden mehr Digitalkameras als Analogkameras verkauft.

In der Musikindustrie treffen wir auf analoge Entwicklungen[183]. Über Jahrzehnte verdienen die großen Musiklabels satt. Dann kommt Napster. Dann kommt iTunes. Dann kommen YouTube und Spotify. Die Disruption in der Musikindustrie nützt vor allem dem Kunden. Auf der Anbieterseite ist dieser Wandel tiefgreifend und vor allem schmerzvoll. Die Künstler haben (endlich) direkten Zugang zum Konsumenten. Die Distribution ist nicht mehr durch Regalflächen limitiert und die Vermarktung hängt nicht mehr an den Initiativen der Musiklabels. Die Konsumenten können selbst darüber bestimmen, welche Art von Musik sie wann und wo konsumieren. Die Preise dafür sind geradezu lächerlich tief[184].

Dass die Arbeiten zur Verbesserung von Sprachübertragung über Telefonleitungen von Professor Dieter Spreitzer aus Nürnberg-Erlangen einmal einen Tsunami in der Musikindustrie auslösen, hätte er sich 1970 wohl nicht träumen lassen. Sein Student Karlheinz Brandenburg, einer der maßgeblichen mp3-Pioniere arbeitet daran, den Speicherbedarf einer digitalen Aufnahme zu reduzieren – und das möglichst ohne Qualitätseinbußen zum Original. Mit seinen Arbeiten legt er den Grundstein für mp3: Jene Teile eines Musikstücks, die das menschliche Gehör wahrnimmt, werden präzise dargestellt, andere nicht. Das spart Speicherplatz.

Dank der CD erlebt die Musikindustrie in den 1990er Jahren einen Boom. Eine Rekordmarke jagt die andere. Selbst als die ersten Online-Plattformen für Musikdownloads entstehen und erste tragbare mp3-Player am Markt erscheinen, sehen die großen Musiklabels weder Anlass zur Sorge, noch Anlass sich zu bewegen. Die neuen Entwicklungen werden als Nischenphänomen abgetan, zudem verweist man auf die (noch) sehr dürftige Qualität der Downloads. Umsätze und Erträge, so prognostizierte man, waren nicht ausreichend groß. Dazu kommt, dass Musikdownloads so gar nicht zum bestehenden Geschäftsmodell passen: „Pro verkaufter CD (Verkaufspreis 15 Euro) blieben dem Tonträgerunternehmen im Schnitt 3,90 Euro (26 Prozent) Erlösanteil. Herstellung und Vertrieb waren vertikal integriert – das waren etwa 60 Prozent. Bei einem mp3-download (1,49 Euro) blieben nur 0,31 Euro übrig. Und weil die Kunden nur Songs kauften, die sie wirklich mochten – statt einer ganzen CD, bei der sie auch Lieder bezahlten, die sie gar nicht wollten, war das nicht interessant ... Die „großen Vier"[185] schafften es im Laufe der Zeit, im traditionellen Tonträgerverkauf große Teile des Kuchens zu integrieren und zu kontrollieren. Im Onlinehandel fließt jedoch ein größerer Anteil an die GEMA (Verwertungsgesellschaft) und andere Wertschöpfungsstufen werden benötigt, um den Konsumenten zu erreichen – Auslieferung, Abrechnung und Online-Shops."[186]

2001 bringt – aus Sicht der Etablierten – zunächst einen Lichtblick: Die illegale Download-Plattform Napster muss 2001 den Betrieb einstellen. Doch mit Apple nimmt der Druck postwendend wieder zu. Als Neueinsteiger revolutioniert Steve Jobs die Musikindustrie. Die nächste Disruption ist Musikstreaming. Auch hier sind die großen Musiklabels nicht dabei. Auch den nächsten Technologiesprung werden sie sehr wahrscheinlich verschlafen: Blockchain[187]. Das klassische Modell des Musikvertriebes ist kompliziert. Viele verdienen mit: Handel,

Vertrieb, Plattenlabel und Musikverlag. Der Musiker gerade einmal 10 Prozent. Für einen gestreamten Song auf Spotify bekommt er maximal zehn Prozent der 0,006 bis 0,008 US-Cent, die das Musikunternehmen von Spotify kassiert. Die zweite Einnahmequelle sind Tantiemen, die von Verwertungsgesellschaften ausbezahlt werden, nach einem komplexen Schlüssel. Blockchain könnte die Honorare automatisch verteilen[188]. Ein Smart Contract protokolliert alle Transaktionen und speichert die Rechte, etwa einen Song öffentlich abzuspielen oder in einem Video zu verwenden. Jeder Beteiligte, vom Songwriter, Musiker, oder Toningenieur bis hin zum Käufer, hat eine exakte Kopie der Blockchain – absolute Transparenz.

Warum verpassen nun etablierte Unternehmen geradezu regelmäßig den Anschluss bei disruptiven Technologien?

- Da neue, disruptive Technologien anfangs nicht die Kundenanforderungen im Kernmarkt erfüllen, haben etablierte Unternehmen kein Interesse. Sie können es sich schlichtweg nicht leisten, gegen artikulierte Kauf- und Qualitätskriterien zu verstoßen. Die ersten Dampfschiffe waren einfach zu unzuverlässig, zu klein, zu langsam und die Kosten pro Meile zu hoch, um mit dem „reifen Produkt", Segelschiff, zu konkurrieren – und sie waren vollkommen unbrauchbar für die Ozeanschifffahrt. Die etablierten Unternehmen, die den volumenträchtigen Markt der Ozeanschifffahrt bedienen wollen, entscheiden sich daher bewusst, Segelschiffe größer und schneller zu machen und blenden den Technologiesprung zu Dampfschiffen aus. Den breiten Technologiewechsel zum Dampfschiff – nur einige Jahrzehnte später – überleben sie nicht.
- Die Nischen, in denen disruptive Technologien ihren Markt finden, sind für große, etablierte Unternehmen oftmals zu klein. Große Unternehmen brauchen große Märkte, um ihre Wachstumsziele zu erreichen. Das Ziel von Volkswagen, größter Autohersteller der Welt zu sein, lässt sich via Elektroauto kaum erreichen. Daher konzentriert man sich lieber auf zusätzliches Marktvolumen für den Verbrennungsmotor.
- Disruptive Innovationen passen überdies oft gar nicht zum Geschäftsmodell der Etablierten. Die Entwicklung eines neuen Geschäftsmodells ist teuer und aufwändig. Viel leich-

ter, viel verlockender ist es, das Bestehende weiterzuentwickeln, als Neues anzufangen. Obwohl die alte Ertragslogik in der Musikindustrie nicht mehr greift, scheuen die Etablierten den Schritt in ein neues Geschäftsmodell.
- Insofern verlieren disruptive Innovationen im internen Wettstreit um Ressourcen gegen etablierte Lösungen, mit denen das Geld verdient wird. Umso mehr, wenn das Neue einen Kannibalisierungseffekt in Gang setzt. Das war bei Kodak der Fall: "Kodak sat on a mountain of cash and profitability in their traditional photography business and I believe their thinking was digital photography will eat into my traditional most profitable business. I don't want that to happen" meinte Carly Fiorina, ehemaliger CEO von HP[189].
- Disruptive Innovationen sind mit großer Unsicherheit behaftet. Weder Marktvolumen, noch Umsatz- oder Ertragspotenziale lassen sich abschätzen. Zuverlässige Daten für den „beliebten" Business Case gibt es nicht. *Trial and Error* ist die Maxime. Agilität ist Trumpf! Das wiederum ist ungewohntes Terrain für große Unternehmen, die viel auf ihre ausgefeilten Planungs- und Entscheidungssysteme halten, mit vielgliedrigen Prozessen und teils bürokratischen Strukturen. Das ist mehr das Metier der Start-ups, die mit Risikofreude, Innovation und Flexibilität Dinge einfach probieren.
- Bei den Etablierten kommt es zu systemimmanenten Verzögerungen: Warten – bis es zu spät ist. Selbst wenn das disruptive Potenzial erkannt ist, schaffen sie es oft nicht, Ressourcen entsprechend umzuleiten. Man wartet bis sich der „Nebel lichtet", bis die Technologie reifer ist, bis andere es wagen. Stellenweise wartet man so lange, bis der Kunde danach fragt. Aber dann ist es in aller Regel zu spät. Zu diesem Zeitpunkt haben nämlich Neueinsteiger einen uneinholbaren Erfahrungsvorsprung und den Markt bereits besetzt.

Disruptiv oder evolutionär? Eine wichtige Unterscheidung

Geprägt wurde der Begriff „disruptive Innovation" durch Clayton Christensen. In seinem Buch „The Innovator's Dilemma"[190] liefert er eine Erklärung dafür, warum etablierte

Unternehmen, auch jene, die gut geführt sind, geradezu regelmäßig an Technologiesprüngen scheitern. Seine Erklärung ist genauso überraschend wie einprägsam: Sie scheitern, weil sie im Grunde alles richtig machen. Sie hören auf ihre wichtigsten Kunden, konzentrieren sich auf große Märkte, ignorieren Lösungen, die den Leistungsanforderungen ihrer Kunden nicht genügen und investierten kräftig in die Weiterentwicklung ihrer Produkte. Und doch scheitern sie. Das klingt paradox: „Aber erfolgreiche Unternehmen neigen in ihren besten Zeiten zu Entscheidungen, die den Grundstein für ihren späteren Niedergang legen. Unsere Forschungsarbeiten unterstützen Letzteres: Sie belegen, dass in all den untersuchten Fällen richtiges und gutes Management letztlich zum Scheitern führte. Gerade weil sich diese Unternehmen kundenorientiert zeigen, weil sie aggressiv in neue Technologien investieren, um ihren Kunden leistungsfähigere Produkte zu liefern, weil sie sehr akribisch Markttrends analysieren und ihre Budgets stringent auf jene Innovationen lenken, die die höchsten Erträge versprechen, verlieren sie ihre führende Position. Im Kern bedeutet das, dass vieles von dem, was man allgemein als richtiges und gutes Management wertet, nur unter bestimmten Konstellationen zum Erfolg führt. Es gibt Zeiten, in denen es besser ist, gerade nicht auf Kunden zu hören, in denen es besser ist, auf Produkte von niedrigerer Qualität mit niedrigeren Margen zu setzen und in denen es besser ist, aggressiv in kleine anstatt in große Märkte zu stoßen."[191]

Folglich hört man in Zeiten disruptiven Wandels besser nicht auf Kunden – zumindest nicht auf Kunden im Kernmarkt. Man sollte in neue Entwicklungspfade investieren – und zwar rechtzeitig, auch dann, wenn die Technologie (noch) brüchig erscheint. Kleine, sich entwickelnde Marktnischen, und zwar solche, in denen besondere Eigenschaften der neuen Technologie als nützlich erachtet werden, sind ernst zu nehmen.

Etablierte Unternehmen sind zumeist sehr gut darin, bestehende Produkte, Dienstleistungen oder Geschäftsmodelle für ihre bestehenden Kunden und Märkte weiterzuentwickeln. Sie haben dazu alle Motivation, die sie brauchen. Innovativere und bessere Lösungen sichern Wettbewerbsvorteile. Die gesamte

Organisation, von Vertrieb, Marketing, F&E, bis hin zur finanziellen Steuerung, steht dahinter.

Etablierte Unternehmen haben aber große Schwierigkeiten, wenn es darum geht, neue, disruptive Entwicklungen einzuleiten. Sie sind hoch riskant. Sie sind bei den bestehenden Kunden nicht gefragt. Der Markt ist klein und unattraktiv. Sie tragen kaum zum Wachstum bei. Kaum jemand in der Organisation setzt sich dafür ein, denn sie tragen wenig dazu bei, Wachstums- und Gewinnziele zu erreichen.

Das Gegenstück zu disruptiven Innovationen sind evolutionäre Innovationen[192]. Sie sind inkrementelle oder radikale Weiterentwicklungen von bestehenden Produkten oder Technologien. Sie schaffen Vorteile im Mainstream-Markt, da sie artikulierte Kundenbedürfnisse in höherem Maße erfüllen. Die gesamte Organisation ist von der Sinnhaftigkeit evolutionärer Innovationen überzeugt. Der Vertrieb kann mehr verkaufen, das Marketing sieht die Chance das Neue überzeugend darzustellen, das Risiko erscheint geringer und Markt- und Rentabilitätsprognosen sprechen eine klare Sprache.

Disruptive Innovationen schaffen Komplexität. Es bedarf einer anderen Entwicklungsarbeit, einer anderen Wertschöpfungslogik, neuer Kompetenzen, einer anderen Ertragslogik und vielfach auch anderer Strukturen und Abläufe. Dieses Maß an Komplexität kennen evolutionäre Innovationen nicht. Insofern ist es leichter und verlockender etwas Bestehendes weiterzuentwickeln, als etwas vollkommen Neues anzufangen. Das Beispiel eines weltweit führenden Herstellers für Kompressoren mag den Unterschied nochmals veranschaulichen: Zehn Jahre Entwicklungszeit führen zu einer bahnbrechenden Innovation – den ersten ölfreien Kühlkompressor für Haushaltsgeräte. Allerdings messen die bisherigen Kunden der Eigenschaft „ölfrei" wenig Interesse und kaum Preisbereitschaft bei. Das Unternehmen steht vor der Herausforderung, den ölfreien Kompressor im Sinne einer evolutionären Innovation den Kundenbedürfnissen anzupassen oder aber sich auf das disruptive Spiel einzulassen: Laterales Denken und Exploration von Anwendungsfeldern, in den das Attribut „oil free" zur

Differenzierung verhilft – ganz abseits der bisherigen Zielmärkte, z. B. gekühlte Autositze, Campingbedarf usw.

Start-ups ticken anders. Sie brauchen keine großen Märkte, eine Nische reicht. Sie haben kaum eine Chance, wenn sie große, etablierte Unternehmen in deren Kernmärkten angreifen. Auch ist es kaum möglich, eine bestehende Technologie oder ein bestehendes Produkt so weit zu verbessern, dass sie Etablierte damit schlagen können. Diese haben meist ein Vielfaches an Ressourcen für Forschung & Entwicklung, Marketing und Vertrieb. Wenn aber Start-ups disruptive Lösungen für Nischen entwickeln, arbeiten sie lange Zeit in einem „geschütz-

Tabelle 5.1: Disruptive versus evolutionäre Innovationen

	Disruptive Innovation	**Evolutionäre Innovation**
Technologie/ Produkt	Neu, zunächst hinsichtlich der zentralen Leistungsmerkmale schlechter	Weiterentwicklung und Verbesserung der zentralen Leistungsmerkmale
	Neue, in einem Nischenmarkt geschätzte Vorteile	
Markt/ Kunde	Neu, zunächst Nischenmarkt	Bestehender Mainstream-Markt, Fokus auf wichtige und profitable Kunden
Risiko	Hoch, Markt und Anwendung noch kaum bekannt	Niedrig, Kundenanforderungen, Markt und Wettbewerb bekannt
Geschäftsmodell	Meist neu, neue Prozesse, neue Kompetenzen erforderlich	Weiterentwicklung des bestehenden Geschäftsmodells, Kernkompetenzen können ausgespielt werden
Gewinn- und Wachstum	Ungewiss, für längere Zeit eher niedrig	Gut, in der Regel gut prognostizier- und bestimmbar
Anbieter	Neueinsteiger	Etablierte Unternehmen

ten" Bereich. Etablierte Unternehmen interessieren sich nicht dafür und lassen sie gewähren.

Diese Unterscheidung zwischen disruptiven und evolutionären Innovationen ist wichtig. Sie hilft, Fehlentwicklungen zu verstehen und sie hilft, richtiges und gutes Management für den jeweiligen Anwendungsfall zu definieren.

Das Elektroauto ist eine disruptive Innovation in der Automobilindustrie. Das Autonome Fahren indes nicht: Es ist die logische – zwar radikale – Weiterentwicklung des Autos und zielt auf zusätzlichen Nutzen im Kernmarkt ab. Jeder Automobilhersteller hat ausreichend Motivation in das Autonome Fahren zu investieren. Beim Elektroauto liegen die Dinge anders, es ist eine disruptive Innovation! Die CD war eine radikale Innovation. Aber sie war evolutionär: Besser als die Vinylscheibe hat die CD das eigentliche Geschäftsmodell in der Musikindustrie nicht verändert. Dagegen sind Musikdownloads und Musikstreaming disruptiv.

Die Theorie der Disruptiven Innovation hat durch die digitale Transformation eine Renaissance erfahren. Neue Technologien entwickeln sich mit exponentieller Geschwindigkeit. Branchengrenzen lösen sich auf. Neue Wettbewerber treten mit anderen Geschäftsmodellen in den Markt.

Drei Arten von disruptiven Innovationen können unterschieden werden[193]:

- „Low End Disruptions": Nach wie vor gilt für etablierte, marktführende Unternehmen: Wollen sie an der Spitze bleiben, müssen sie ihre Produkte besser und schneller weiterentwickeln als die Konkurrenz. Werden sie überholt, verlieren sie ihre Führungsrolle. Etablierte Unternehmen neigen auch dazu, jene Marktsegmente anzuvisieren, die die höchsten Renditen erwarten lassen. Für diese Märkte werden Produkte entwickelt. Als Folge dieses Innovationswettbewerbes kommt es oft zu „Overengineering". Für manche Kunden im Low-End-Segment sind diese Lösungen zu teuer und zu kompliziert. Ein einfacheres, billigeres Produkt wäre schon gut genug. Disruptive Innovationen, die diese Kundensegmente mit einfacheren, billigeren oder komfortableren Produkten ansprechen, sind Low-End-Disruptions. Die CD war, wie vorhin beschrieben, eine evolutionäre Innovation in der Musikindustrie. Die Musikdownloads und Streaming eine Low-End-Disruption. Musikdownloads hatten niedrigere Klangqualität, diese war aber in diesem Segment gut genug. Die Downloadgeschwindigkeiten waren zu Beginn niedrig. Das störte aber in dieser Nische nicht. Musikdownloads waren aber in der Summe günstiger als die CD und komfortabler. Man musste nicht die gesamte CD-Sammlung mit sich herumschleppen. Erst mit der Zeit entwickelte sich Musikdownload zu einem Massenmarktphänomen und ersetzte die CD.

- „New Market Disruptions": Das sind Innovationen, die einen neuen Markt schaffen. Sie sprechen Kunden an, die von den etablierten Wettbewerbern nicht angesprochen werden. Das Tablet war ein Beispiel. Es war keine Weiterentwicklung des Laptops oder eine Weiterentwicklung des PCs. Bei Markteinführung des iPad kam auch viel Kritik auf: Kein Massenspeicher, keine Tastatur, kein Multitasking, keine Schnittstellen, usw. Es schuf aber einen neuen Markt. Für viele Anwendungen, vor allem zu Hause, war das Tablet gut genug. Erst mit der Zeit begann es Laptop und PC zu substituieren. Heute wird es zunehmend durch das Smartphone ersetzt.
- „High End Disruptions": Das sind disruptive Innovationen, die alle bereits diskutierten Kriterien erfüllen, mit einem Unterschied. Während Low End und New Market Disruptions als günstigere Produkte in den Low-End-Segmenten beginnen und dann durch ihre Weiterentwicklung Schritt für Schritt auch in den Mainstream-Markt – von unten nach oben – vorstoßen, haben High-End-Disruptions ihren Ausgangspunkt im Premiumsegment als teures Produkt und entwickeln sich erst mit der Zeit zum Massenmarktprodukt. Das Elektroauto ist ein Beispiel. Es kostet deutlich mehr als ein Verbrennungsfahrzeug. Tesla trat in das Premiumsegment ein. Erst mit dem günstigeren Model 3 erfolgt der Schritt in den Massenmarkt – nach unten.

Viele Branchen erleben digitale Umbrüche. Auf die Frage, ob die Wahrscheinlichkeit in den nächsten Jahren steigt, durch eine Disruption aus dem Markt gedrängt zu werden, antworten über 900 Führungskräfte aus unterschiedlichen Branchen in einer weltweiten Studie wie folgt[194]:

- An der Spitze steht die Tourismus- und Reisebranche mit 49 Prozent der Führungskräfte, die glauben, dass die Wahrscheinlichkeit einer Disruption zunimmt – denken Sie an Airbnb und Uber.
- Dann folgen, alle über 40 Prozent, der Handel (denken Sie an Amazon und Alibaba oder die Sharing Economy), dann die Medien- und Unterhaltungsbranche (zum Beispiel Online Medien, Online Spiele), Finanzdienstleistungen (denken Sie an die Fintechs), Consumer Packaged Goods und Produktion (denken Sie an 3D-Druck, Industrie 4.0), dann folgt das Gesundheitswesen.
- Leicht dahinter liegen Technologieprodukte und -dienstleistungen, Telekommunikation und Bildung – alle noch über 30 Prozent.

Im nächsten Kapitel zeigen wir, wie sich Unternehmen auf die digitale Transformation einstellen.

Kapitel 6:
Management im Zeitalter der digitalen Transformation

Die Tragweite des Themas „Digitalisierung" passt (noch) nicht zu der Art und Weise wie Führungskräfte mit dem Thema umgehen. Das zeigt sich etwa

- in der Zeit, die man der Auseinandersetzung mit der (digitalen) Zukunft widmet,
- in der methodischen Herangehensweise an das Thema
- und nicht zuletzt im Kreis jener, die man in die Diskussion einbezieht.

Nicht selten wird das Thema an einen „Ausschuss" delegiert – oder besser geparkt – weit ab der Beachtung vom Top-Management und in „sicherer" Entfernung von Umsetzungshandlungen. Dabei ist das Thema nicht nur wichtig, sondern auch dringlich. Eine BCG-Studie[195] schätzt, dass eine Digitalisierung im Sinne von Industrie 4.0 durchaus zwanzig Jahre in Anspruch nimmt. Diese Studie kommt allerdings auch zu dem Schluss, dass die nächsten fünf bis zehn Jahre über Gewinner und Verlierer entscheiden.

Das Thema ringt mit verschiedenen Barrieren: Bewusstseinsbarrieren, Strategiebarrieren, Strukturbarrieren und Prozessbarrieren[196]. Mehrere Studien weisen darauf hin, dass sich längst nicht alle Unternehmen mit diesem Thema auseinandersetzen[197]. Vielfach fehlt der Sinn für Dringlichkeit. Führungsteams sind nicht selten weit von einem gemeinsamen Verständnis entfernt, was Digitalisierung tatsächlich für ihr heutiges Geschäftsmodell bedeuten kann. Anderen fehlt der Fahrplan – bzw. die Strategie – wie man die erkannten Herausforderungen meistert; sei es das Absichern von Risiken, sei es das Nutzen von Chancen. Soweit die Strategiebarriere. Die Prozessbarriere steht für die Tatsache, dass Innovationsprozesse heutiger Prägung digital-disruptive Innovationen nicht verarbeiten können. Und die Strukturbarriere zeigt sich schließlich darin, dass digitale Themen mitunter „quer" zu den Unternehmensstrukturen liegen – und sich mithin als schwer verdaulich erweisen[198]. Das folgende Kapitel zeigt diese Barrieren auf und liefert anhand von sechs Handlungsfeldern erste Hilfestellungen, wie Führungskräfte und Unternehmen sich auf die digitale Transformation einstellen können:

1. Das richtige Bewusstsein entwickeln
2. In Geschäftslogiken denken
3. Den Strategieprozess öffnen
4. Den Umgang mit Innovationen beschleunigen
5. Mit Start-ups kooperieren
6. Das Führungsverständnis erneuern

Das richtige Bewusstsein entwickeln

Der Grund, warum etablierte Unternehmen geradezu regelmäßig disruptive Entwicklungen verschlafen, liegt nicht in der Technologie selbst. Vielfach haben Unternehmen, die später scheitern, früh an der Technologie gearbeitet, bisweilen sogar selbst Prototypen vorgelegt. Kodak und die Digitalfotografie lassen grüßen. Sie beschäftigten kompetente Manager, verfügten über stattliche F&E-Budgets, Marketingressourcen und satte „Kriegskassen". Der Grund, warum sie scheiterten, liegt darin, dass sie das verbleibende Potenzial der reifen Technologie überschätzen und die Dynamik des Neuen zugleich unterschätzen. Und der Grund liegt darin, dass sie Gefahren und Chancen falsch bewerten. Und der Grund liegt darin, dass ihnen damit die Motivation fehlt, das eigene Geschäftsmodell zu verändern.

Selbst wenn einige Manager in einem großen Unternehmen die Lage richtig einschätzen und disruptive Chancen erkennen, heißt das noch lange nicht, dass auch in der Chefetage Aufmerksamkeit, geschweige denn die nötigen Ressourcen zu bekommen sind. Jeffrey Immelt, CEO von General Electric, beschreibt das am Beispiel von Venkatraman Raja, seines Zeichens Chef von GE Healthcare, Indien. Einmal angenommen, Raja erkennt die Chance einer disruptiven Innovation: ein einfach zu bedienendes, ein deutlich günstigeres, da auf die Kernfunktion reduziertes, Röntgengerät. Die Idee zu haben, ist oftmals nicht das Problem. Das Problem ist, das Unternehmen im Sinne der Idee zu mobilisieren und die Idee schließlich umzusetzen. Dazu Jeffrey Immelt: „Zum offiziellen Aufgabenbereich gehören weder die Geschäftsführung noch die Produktion. Die eigentliche Aufgabe besteht darin, die für den globalen Markt entwickelten GE-Produkte auf lokaler Ebene zu verkaufen und zu warten. Zudem sollen Erkenntnisse über die Bedürfnisse der Kunden gewonnen werden (…) Man erwartet Umsatzsteigerungen von 15 bis 20 Prozent pro Jahr (…) Allein die Zeit zu finden, um jenseits Ihrer planmäßigen Tätigkeit einen Vorschlag für ein Produkt auszuarbeiten, das auf den lokalen Markt zugeschnitten ist, ist für Sie eine Herausforderung. Verglichen mit der Schwierigkeit des nächsten Schrittes ist das jedoch gar nichts. Nun nämlich gilt es zu erwirken, dass der Vorschlag intern akzeptiert wird"[199]. Es geht darum, die Aufmerksamkeit des Geschäftsführers in der US-Zentrale zu gewinnen. Der dortige Geschäftsführer ist mit den Bedingungen in Bangalore nicht vertraut. Was er aber weiß: Indiens Anteil an den Einnahmen von GE betragen gerade einmal 1 Prozent. D.h. viel Zeit wird er dem Thema nicht widmen. Der Marketingleiter befürchtet eine Kannibalisierung. Der Finanzchef erwartet niedrige Margen. Der F&E-Leiter müsste Kapazitäten von anderen, finanziell aussichtsreicheren Projekten abziehen. Insgesamt konkurriert die Idee mit vielen anderen „wichtigeren" Projekten um Ressourcen. Ein aussichtsloses Unterfangen.

Haben digitale Entwicklungen evolutionären Charakter, d.h. helfen sie dem Unternehmen Mehrwert für bestehende Kunden zu schaffen, besteht kaum Anlass zur Annahme, dass sie nicht rechtzeitig und ausreichend mit Ressourcen versorgt werden. Dann reicht es, die Antennen auszufahren, Trends zu beobachten und die folgende Fragen bezüglich der einzelnen Dimensionen einer Geschäftslogik[200] zu stellen:

1. Welchen Mehrwert liefern digitale Technologien meinem Kunden?
2. (Wie) führt die Digitalisierung meiner Produkte/Dienstleistungen zu einem Differenzierungsvorteil?

3. Wie kann ich via Digitalisierung meine Wertschöpfungslogik effektiver und effizienter gestalten?
4. Welche neuen Kundensegmente lassen sich erschließen?
5. Wie verbessert/verändert Digitalisierung meinen Marktangang?
6. Ergeben sich neue Wege für meine Ertragslogik durch Digitalisierung?

Ungleich schwieriger ist die Situation bei disruptiven Innovationen. Die Barrieren machen ihrem Namen alle Ehre. Anders als bei evolutionären Innovationen reicht der Blick durch die Chancen-Brille selten aus, um Organisationen zu mobilisieren. Das vermag erst der Blick durch die Risiko-Brille zu leisten. Stellen wir uns ein Unternehmen vor, das hochwertige Maschinen für den Druck von Etiketten produziert. Was aber, wenn ein Spieler, vielleicht sogar branchenfremd, eine Fähigkeit entwickelt, ganz ohne Etikett Dinge auf das Medium (etwa die Glas- oder PET-Flasche) aufzubringen? Dann laufen evolutionäre Entwicklungsprojekte mit einem Schlag ins Leere und das Bewusstsein wächst, in ganz andere Richtungen denken und handeln zu müssen.

In Deutschland sollen bis 2050 mindestens 80 Prozent des Stroms aus erneuerbaren Quellen stammen. Fragt man Energieversorgungsunternehmen, ob sie in den erneuerbaren Energien Chancen sehen, so heißt die Antwort einhellig JA. So ergibt eine PWC-Studie unter den großen europäischen Energieversorgungsunternehmen im Jahre 2013, dass über 80 Prozent der Befragten in der dezentralen Energieversorgung (die in der Regel erneuerbare Energien verwendet) Chancen sehen. Lediglich 18 Prozent sehen hier eine Gefahr. Und genau das ist das Problem. 2013 wurden in Deutschland ca. 23 Prozent des Stroms aus erneuerbaren Quellen produziert. Davon aber nur 11,9 Prozent durch Energieversorgungsunternehmen[201]. 88,1 Prozent des Marktes gehören Privatpersonen, Landwirten, Fonds und Banken, Projektierern, Gewerben usw. Wie kann es sein, dass die großen Energieversorger nicht in diesen Markt investieren, obwohl sie darin Chancen sehen? Die Chancen disruptiver Innovationen sind anfangs klein. Im Vergleich dazu ist es verlockender, da ertragreicher, das bestehende Geschäft zu entwickeln. Die Argumente sind genauso

Kapitel 6: Management im Zeitalter der digitalen Transformation

bekannt wie fatal, warum sich Energieversorger nicht in der dezentralen Energiegewinnung engagieren[202]: „Das liegt außerhalb unserer Kernkompetenzen", „Wir kannibalisieren uns doch selbst!", „Wir brauchen die Auslastung unserer Kraftwerke, ansonsten sind diese nicht mehr profitabel", „Es gibt kein funktionierendes Geschäftsmodell", „Das ist nur ein Nischenmarkt", „Es gibt keine substantielle Nachfrage". Betrachtet man aber die disruptiven Innovationen als eine Dynamik, die das heutige Kerngeschäft zerstören kann, ändert sich das Bild. Man erkennt, dass das Verlustpotenzial riesig, ja existenzbedrohend sein kann, wenn nicht gehandelt wird.

Die Frage, die sich etablierte Unternehmen stellen sollten, lautet also: „What could totally disrupt our business model?". Viele Vorstandchefs reisen zurzeit ins Silicon Valley, um sich dieser Frage zu stellen. So auch Gisbert Rühl, CEO von Klöckner, Europas größtem Stahlhändler. „Wie würden sie den Stahlhandel zerstören, wenn sie es wollten"?[203] fragte er sich und dachte dabei an Start-ups. Nach einigen Firmenbesuchen und Gesprächen mit Internet-Gründern war die Antwort klar: Eine elektronische Plattform könnte den Todesstoß geben: „Der Produzent wusste bisher nicht, was der Kunde wollte. Diese Ineffizienz auszugleichen, war unser Geschäftsmodell. Doch von diesem Modell können wir auf Dauer nicht leben. Das ist kein Weg in die Zukunft. Unsere Aufgabe ist dann nicht mehr, riesige Lagerbestände vorzuhalten, sondern den Warenfluss über eine Plattform zu organisieren. Wir haben uns entschlossen, selbst Motor dieser Entwicklung zu werden."[204] So wird das Ziel ausgegeben, Amazon der Stahlindustrie zu sein. Innerhalb von fünf Jahren sollen 50 Prozent der Umsätze online abgewickelt werden. Der gesamte Ablauf der Lieferkette wird ein anderer sein: Hersteller können zielgerichtet produzieren, Kunden haben einen besseren Überblick über das Angebot, Lagerbestände können drastisch – bis zu einem Drittel – reduziert werden[205]. Angenommen, die Teile sind mit Sensoren bestückt, melden diese den Baufortschritt und lösen voll automatisiert Bestellungen aus, wobei Stahlwerke entsprechend ihrer Kapazitätsplanung Aufträge an Land ziehen, können im „Internet der Dinge" dann die letzten Ineffizienzen der Lieferkette eliminiert werden.[206]

Um all das anzuschieben, hat Klöckner mit Klöckner.i ein eigenes Start-up in Berlin gegründet. Innerhalb der bestehenden Organisation räumt man dem Neuen kaum Umsetzungschancen ein. Dazu Gisbert Rühl: „Ich würde es immer wieder über eine separate Einheit machen. Mit Leuten von außen, die zunächst unabhängig arbeiten. In einem zweiten Schritt müssen Sie dafür sorgen, dass eine solche Einheit auf die übrige Organisation ausstrahlt und sich nicht als unabhängiger Satellit am Rande des Konzern-Orbits bewegt. Was wir versuchen, ist, die Start-up-Mentalität zu übertragen ..."[207].

Ohne Zweifel bergen solche Projekte Risiken. Das größte Risiko, um mit Marc Zuckerberg zu sprechen, ist aber kein Risiko einzugehen: „Disrupt or be disrupted!". Um sich selbst zu erneuern – und zwar rechtzeitig – müssen Unternehmen Bereitschaft zeigen, sich selbst zu zerstören, zumindest gedanklich, bevor es andere dann physisch tun. Das schließt die Bereitschaft mit ein, eigene Produkte, eigene Dienstleistungen oder gar das eigene Geschäftsmodell zu kannibalisieren[208]. Damit tun sich aber viele schwer und wir sind wieder bei der zuvor beschriebenen Tatsache, dass es oftmals die Risiko-Betrachtung braucht, um entsprechendes Denken und Handeln zu induzieren. Hier haben wir mit dem „Nightmare Competitor"-Ansatz gute Erfahrungen gemacht. Setzen Sie sich mit einem konstruierten Wettberwerber auseinander, der sich bestens mit der Zukunft arrangiert, alle Hebel der Digitalisierung zieht und das Geschäft nach ganz neuen Regeln betreibt und Ihnen so wirklich gefährlich werden kann. Diese Auseinandersetzung hilft, die Energie der kreativen Verzweiflung zu bündeln, zeigt Gefährdungspotenziale auf, hilft aber vor allem, rechtzeitig neue Geschäftslogiken zu finden. Ein Blick von außen nach innen, d. h. die Einbindung Externer, ist dabei nicht nur hilfreich, sondern dringend zu empfehlen.

In Geschäftslogiken denken

Als Jorge Cauz, Präsident der Encyclopaedia Britannica Inc., am 14. März 2012 die Einstellung der Printversion der Enzyklopädie ankündigt, feiern die Mitarbeiter im Chicago Office ausgelassen. Ein Kuchen stellt die 32 Bände umfassende und

Kapitel 6: Management im Zeitalter der digitalen Transformation

etwa 60 Kilo schwere Enzyklopädie dar. 244 Luftballons stehen für jedes einzelne Jahr seit der ersten Ausgabe im Jahre 1768[209]. Und es gibt guten Grund zum Feiern: Zwei Disruptionen hatte man überlebt und dank der Digitalisierung ein neues, profitables Geschäftsmodell gefunden. Die erste Disruption war die Enzyklopädie auf CD. Diese hatte man 1994 sogar selbst am Markt eingeführt. Mit einem Preis von 1.200 Dollar kostete sie fast genau so viel wie die Printversion. Das war deutlich zu viel, vor allem, weil Microsoft mit Encarta etwa zur gleichen Zeit mit einem wesentlich billigeren Konkurrenzprodukt auf den Markt kam. Später gab es die Encarta als Zugabe beim Kauf eines PCs sogar gratis. Auch das traditionelle Vertriebsmodell – Verkauf an der Haustüre – war ziemlich ungeeignet. Noch im Jahre 1990 brachte man via Haustürverkauf mehr als 100.000 Ausgaben der Encyclopaedia Britannica an den Mann. Sechs Jahre später waren es gerade noch 3.000. Der Vertriebsweg wurde eingestellt[210]. Die zweite digitale Disruption kam mit Wikipedia. Die Spielregeln am Markt hatten sich nun vollkommen verändert. Einträge werden von unzähligen freiwilligen Autoren verfasst und nach dem Prinzip des kollaborativen Schreibens fortwährend bearbeitet und diskutiert. Eine Studie, publiziert in der Zeitschrift Nature, bescheinigt Wikipedia gute Qualität: Es gab hinsichtlich der Korrektheit und Vollständigkeit kaum Unterschiede zwischen dem Online-Lexikon und einer Enzyklopädie[211]!

Die Encyclopaedia Britannica brauchte nun dringend ein neues Geschäftsmodell. Die Positionierung war wirkungslos. Es gab keinen Grund mehr für den Kunden, die 32 Bände zu kaufen. Der Redaktionsbetrieb dauerte viel zu lange. Das Vertriebsmodell funktionierte nicht mehr und die Ertragslogik brach zusammen. Mit anderen Worten: Das alte Geschäftsmodell hatte ausgedient. Es mussten neue Wege gefunden werden, Wert für Kunden zu generieren und diesen Wert zu kapitalisieren.

Zielgruppe und Positionierung

Die Encyclopaedia Britannica hatte über Jahrzehnte eine Kernkompetenz aufgebaut, die zu einem klaren Wertversprechen wurde: Die redaktionelle Qualität, mit der man sich von der Konkurrenz und vor allem von fragwürdigen Quellen differenzieren konnte. Die New York Times würdigt die Encyclopaedia Britannica als „das älteste und renommierteste Nachschlagewerk der Nation"[212]. Als Jorge Cauz im Jahre 2003 Präsident wurde, setzte er sich das Ziel, das Geschäftsmodell zu erneuern[213]. Es galt ein Anwendungsfeld zu finden, in dem redaktionelle Qualität und das Image zu einem Wettbewerbsvorteil verhilft. Im Schulbereich findet man diese Zielgruppe.

Angebotslogik

Schnell wurde deutlich, dass man wesentlich mehr sein musste als ein Nachschlagewerk, um sich erfolgreich zu differenzieren und gegen die Gratiskonkurrenz bestehen zu können. Encyclopaedia Britannica konzentrierte sich nun auf Lernprodukte, sprich „bezahlbare Unterrichts- und Lehrmaterialien, passend zum Lehrplan, die sich sowohl im Klassenzimmer als auch zu Hause nutzen ließen. Die Bildungsanbieter wollten Produkte und Prüfungsmaterialien, die individualisiertes oder differenziertes Lernen für unterschiedlich fortgeschrittene Schüler ermöglichten."[214]

Wertschöpfungslogik

Encyclopaedia Britannica hatte Zugang zu einem Markt und das dafür erforderliche Leistungsangebot. Was aber fehlte, waren Lehrplanspezialisten, die man nun einstellte und in allen Schlüsselbereichen des Unternehmens platzierte, in der Redaktion, der Produktentwicklung und im Marketing. Expertenteams aus der ganzen Welt und aus unterschiedlichen Disziplinen bringen das Wissen auf den neuesten Stand. Neu gestaltete Abläufe versetzen in die Lage, Aktualisierungen binnen Minuten (und nicht wie vorher in Wochen) vorzunehmen. Auch Beiträge aus der Community werden eingeholt: User können Inhalte, Links, Bibliographien und Bilder vorschlagen. Diese werden geprüft, um sicherzustellen, dass sie auch korrekt sind. Und ein kontinuierlicher Dialog mit dem Originalautor stellt sicher, dass Inhalte aktuell sind[215]. Das Ergebnis ist ein vollkommen anderer redaktioneller Prozess. Man bietet nun nicht nur Inhalte, sondern digitale Lösungen an. Auch die Entwicklung von entsprechenden Apps gehört dazu.

Kapitel 6: Management im Zeitalter der digitalen Transformation

Ertragslogik

Auch die Ertragslogik ist eine andere. Nur 15 Prozent des Umsatzes kommen über Inhalt, 85 Prozent aus Lern- und Unterrichtsmaterialien, die an Schulen verkauft werden. 55.000 Lehreinrichtungen haben die E-Learning-Angebote abonniert. Das Wachstum ist zweistellig. Die Erneuerungsrate bei den Abos liegt über 95 Prozent. Für die etwa 50.000 Haushalte, die ein Abo besitzen, beträgt der Preis 70 USD pro Jahr. Weitere 450.000 haben Zugang über Distributionspartner (wie Internetprovider, Telekommunikationsanbieter etc.)[216]. Durch eine zunehmende Freigabe von Inhalten wird der Internettraffic erhöht, das bringt Werbeeinnahmen – 13 Millionen USD sollten es für 2015 sein.

Was nehmen wir aus der Causa Encyclopaedia Britannica mit?

Erstens: Ein Geschäftsmodell, soll es eine wirkliche Geschäftslogik sein, muss in allen Punkten Stimmigkeit aufweisen, damit es erfolgreich ist[217]. Es reicht nicht, nur einzelne Dimensionen zu verändern. Ein ganzheitlicher Ansatz ist notwendig. Positionierung und Nutzenversprechen müssen dabei einzigartig sein. Die Stimmigkeit als zweiter Erfolgsfaktor bezieht sich auf die Wechselwirkungen zwischen den Dimensionen: Die Positionierung muss sich in der Angebotslogik widerspiegeln, gleiches gilt für die Wertschöpfungs- sowie Vermarktungslogik. Eine funktionierende Ertragslogik muss dafür sorgen, dass der generierte Kundenwert auch in Erträge umgewandelt wird. Tabelle 6.1 fasst die Fragen zusammen, die an jede Dimension einer Geschäftslogik zu stellen sind. Der Wert ergibt sich aus der Qualität der Antworten je Dimension und aus der Stimmigkeit der Dimensionen zueinander und mit Blick auf die intendierte Positionierung. Als die Encyclopaedia Britannica mit dem Verkauf der CDs begann, hatte das Geschäftsmodell mehrere Schwachstellen. Der Mehrwert für den Kunden war nicht überzeugend, der Preis im Vergleich zu Microsoft Encarta und im Vergleich zur Printversion zu hoch, der Nutzen zu niedrig. Windows Encarta und später Wikipedia versorgten den Massenmarkt „gut genug". Das Reparieren einzelner Dimensionen brachte temporär Erleichterung. Aber erst als man bereit war, das Geschäftsmodell anders zu gestalten, dabei jede der Dimensionen und insbesondere die Stimmigkeit der Dimensionen zueinander in den Fokus rückten, war der Grundstein für den Erfolg gelegt.

Tabelle 6.1: Komponenten eines Geschäftsmodells

1. Positionierung	• Wer sind unsere Zielkunden? • Was ist unser einzigartiges Nutzenversprechen?
2. Angebotslogik	• Durch welche Angebote setzen wir unsere Positionierung um? • Welchen Mehrwert schaffen unsere Angebote für den Kunden? • Wie differenzieren sich unsere Angebote nachhaltig vom Wettbewerb?
3. Wertschöpfungslogik	• Was sind unsere Kernkompetenzen? • Was sind unsere Kernprozesse? • Was ist „Core" und was ist „Non-core"?
4. Vermarktungslogik	• Wie gewinnen/akquirieren wir Kunden? • Wie erreichen wir Kunden? • Wie halten wir unsere Kunden?
5. Ertragslogik	• Wie funktioniert unsere Ertragslogik? • Was sind unsere Einnahmequellen? • Was ist unsere Kostenstruktur?

Zweitens: Eine Erneuerung des Geschäftsmodells hat dann gute Erfolgschancen, wenn die Kernkompetenzen des Unternehmens die Grundlage dafür bilden. Der Wettbewerbsvorteil der Encyclopaedia Britannica gründete von jeher auf der redaktionellen Qualität, den renommierten Quellen der Einträge, den sorgsam editierten Kapiteln und auf das Vertrauen, das man der Marke zuschrieb. Das Problem war nur, dass in einem Markt, der von Wikipedia „disrupted" wurde, die Durchschlagskraft dieser Kompetenzen nicht mehr gegeben war. Man fand aber einen neuen Markt, den Bildungsmarkt, in

Kapitel 6: Management im Zeitalter der digitalen Transformation

dem diese Kompetenzen nach wie vor gefragt waren und man sich gegenüber „fragwürdigen" Quellen differenzieren konnte.

Drittens: Encyclopaedia Britannica nahm die eigene Kannibalisierung in Kauf: „Uns war bewusst, dass wir den Markt für unsere Bücher kannibalisieren mussten – offen war nur, wie sehr"[218]. Natürlich war es schwer, die Printversion nach 244 Jahren zu Grabe zu tragen. Aber man räumte der digitalen Geschäftslogik Vorrang ein. Die Weiterführung der gedruckten Ausgabe hätte zu viele Ressourcen gebunden, die am anderen Ende gefehlt hätten. „Noch heute", so Jorge Cauz, „… werden wir gelegentlich gefragt, ob wir nicht wenigstens über eine limitierte Ausgabe als Sammlerstück nachdenken. Die Antwort lautet nein. Wir wollen nicht das Bild eines alternden Schauspielers abgeben, der krampfhaft an seiner Jugend festhält. Man geht mit der Zeit, und heute leben wir im digitalen Zeitalter."[219]

Für die Digitalisierung des Geschäftsmodells empfehlen wir ein Vorgehen in vier Schritten.

1. Reflektieren Sie Ihr bestehendes Geschäftsmodell. Am besten Sie visualisieren es. Die Fragen aus Tabelle 6.1, mithin der Bezugsrahmen von IMP, mag dabei eine gute Orientierung sein; oder verwenden Sie eines der anderen Frameworks aus der Literatur – zum Beispiel das Business Model Canvas von Alexander Osterwalder und Yves Pigneur[220].
2. Reflektieren Sie dann – alleine oder besser in Gruppen – was die Kernkompetenzen des Unternehmens sind und welche dieser Kernkompetenzen zugleich die Grundlage für eine neue, digitale Geschäftslogik sein können[221]. Kernkompetenzen sind einzigartige Fähigkeiten oder Ressourcen, die einen Mehrwert für den Kunden generieren, die schwer zu kopieren sind und die auch nicht leicht zu substituieren sind. Einen Prozess zur Analyse von Kernkompetenzen haben wir ausführlich in unserem Buch *Was Top-Unternehmen anders machen*[222] beschrieben.
3. Untersuchen Sie, welche digitalen Technologien oder Entwicklungen Ihr Geschäftsmodell beeinflussen können. Was sind mögliche Chancen, was sind mögliche Risiken? Methodisch kann dabei ein „digital audit" oder auch der bereits

erwähnte „Nightmare Competitor"-Ansatz im Sinne einer offenen, strukturierten Auseinandersetzung mit der Zukunft unterstützen. Abbildung 6.1 gibt einen groben Überblick über mögliche Technologien oder Entwicklungen, die ein Geschäftsmodell in den einzelnen Komponenten verändern können. Die Fragen, die Sie sich dabei stellen sind:
- Welche neuen Zielgruppen und welche neuen einzigartigen Nutzenversprechungen ermöglichen die digitalen Technologien und Entwicklungen?
- Welche neuen Angebotslogiken bringen digitale Technologien und Entwicklungen?
- Wie verändern digitale Technologien und Entwicklungen die Wertschöpfungslogiken?
- Welche neuen Vermarktungslogiken entstehen durch digitale Technologien und Entwicklungen?

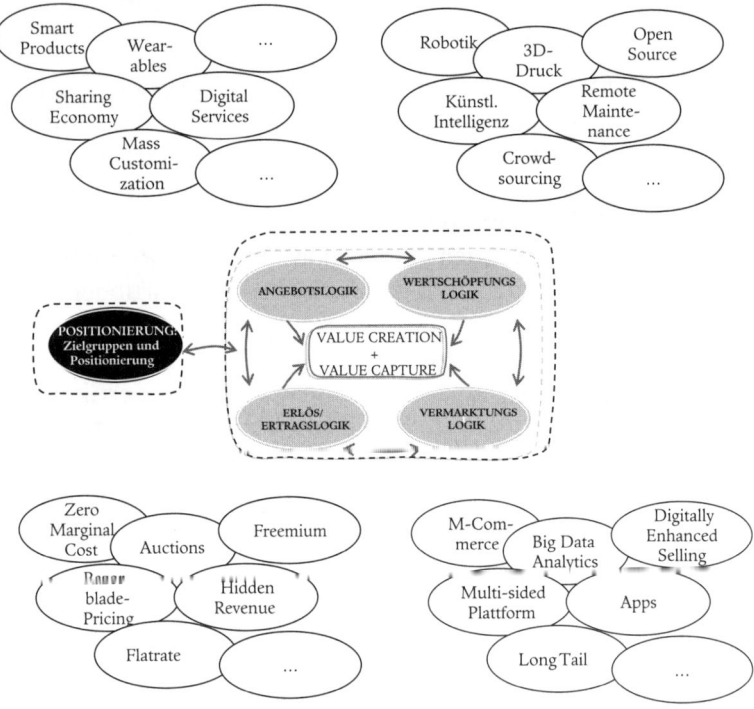

Abbildung 6.1: Geschäftsmodell und digitale Technologien und Entwicklungen

- Welche neuen Ertragslogiken entstehen durch digitale Technologien und Entwicklungen?
4. Entwickeln Sie schließlich die neue Geschäftslogik. Achten Sie darauf, dass alle Dimensionen Berücksichtigung finden, die Positionierung einzigartig ist und die anderen Dimensionen der Geschäftslogik dazu stimmig sind und Sie eine funktionierende Ertragslogik (er-)finden.

In den nächsten Kapiteln geben wir ein paar Denkanstöße, wie Sie leichter zu neuen, vielleicht sogar bahnbrechenden, Lösungen kommen.

Den Strategieprozess öffnen

Kommt Ihnen Folgendes bekannt vor?[223] Die Strategieabteilung erstellt Langfristprognosen oder gar Szenarien, die Zentrale gibt daraufhin strategische Ziele vor, die Business Units entwickeln ihre strategischen Pläne (mit SWOT-Analysen, Markt- und Wettbewerbsanalysen, Zielen usw.), diese werden dann mit der Zentrale diskutiert, alles geht zurück zur Überarbeitung bis sie schließlich abgesegnet werden. Dann werden Budgets erstellt, diese werden wiederum genehmigt, dann folgt die Umsetzung, dann, am Ende der Planungsperiode, eine Abweichungsanalyse und das Ganze beginnt von vorne. Analyse, Zielformulierung, Strategieformulierung, Umsetzung, Kontrolle. Alles nach einem systematischen, geordneten Prozess – zumindest in Großunternehmen. Diese "Verfahren" stammen noch aus den Anfängen der Strategiearbeit in Unternehmen der 60er und 70er Jahre. Damals hatten Entscheidungsträger noch genügend Zeit, sich intensiv mit allen Entwicklungen auseinanderzusetzten, Alternativen zu durchleuchten und fundierte Entscheidungen zu treffen. Auch war die Welt weniger komplex. Es reichte, die eigene Branche, die eigenen Konkurrenten und die relevanten Technologien zu kennen.

Heute stehen Unternehmen vor ganz anderen Herausforderungen. Technologien (vor allem digitale) entwickeln sich mit exponentieller Geschwindigkeit. Branchengrenzen lösen sich auf. Neue Spieler treten mit anderen Geschäftsmodellen an. Informationen fließen schnell. Die Transparenz steigt und der gesellschaftliche Trend zur Demokratisierung nimmt zu. Vor diesem Hintergrund scheint Strategiearbeit, die von jeher einer kleinen Gruppe von Eingeweihten vorbehalten und eher geheim war, sich zu ändern[224]. Was Henry Chesbrough[225] im Jahre 2003 als „Open Innovation" beschrieb und damit einen Paradigmenwechsel von der geschlossenen zur offenen Innovation einleitete, scheint auch ein vielversprechender Ansatz für die Strategieprozesse zu sein: von der „closed" zur „open strategy".

Historisch betrachtet war Wissen hierarchisch organisiert, in Gesellschaften und in Organisationen. Heute ist Wissen ubiquitär. Niemand kann mehr sagen, woher die nächste große Idee kommen wird. Wir leben in einer Zeit der Supertransparenz. Mitarbeiter bekommen immer leichteren Zugang zu Daten. Immer mehr Führungskräfte mit technischem Hintergrund eignen sich Managementwissen an, durch MBA-Programme, Trainings, oder Online Learning (Moocs, Webinars, etc.). Strategiemethoden und -wissen sind nicht mehr nur einer Elite vorbehalten. Immer mehr Unternehmen experimentieren mit neuen Ansätzen der Strategiearbeit, die Begriffe dafür reichen von „Democratizing Strategy" über „Open Source Strategy", „Strategy as a practice of thousands" ... bis hin zu: „Open Strategy". Der wichtigste Treiber dafür ist das Web 2.0. Eine interne Zusammenarbeit wird einfach: Blogs, Wikis, Social Networking und andere Werkzeuge zur webbasierten Kooperation erlauben es, gemeinsam Ideen zu entwickeln[226]. Tatsächlich verwenden immer mehr Unternehmen diese Ansätze in der Strategiearbeit. Nach einer McKinsey-Studie setzten bereits im Jahre 2011 über 70 Prozent jener Unternehmen, die eine Social Software in Verwendung hatten, diese gezielt ein, um die „externe Umwelt" zu scannen und neue Ideen zu generieren. Über 40 Prozent dieser Unternehmen entwickelten damit sogar Strategiepläne. Aber auch nach außen hin werden Strategieprozesse geöffnet. Durch das Einbinden von Experten, Kunden oder Wertschöpfungspartnern will man Zugang zu Wissen und zu Perspektiven, die man selbst nicht hätte einnehmen können.

Dazu eine Geschichte[227]: Ende der 1990er Jahre war Goldcorp, ein kanadisches Goldunternehmen, in großen Schwierigkeiten.

Kapitel 6: Management im Zeitalter der digitalen Transformation

Die Red Lake-Mine in Ontario war kurz vor dem Aus. Die Fördermengen waren erkläglich niedrig, die Mine insgesamt unrentabel. Probebohrungen brachten kaum brauchbare Ergebnisse. Mitten in dieser schwierigen Zeit besuchte der CEO Rob McEwen einen Vortrag über Open Source von Linus Torvalds, dem Gründer von Linux, am MIT in Boston. Linus Torvalds brachte McEwen auf eine sehr unkonventionelle Idee: „Was, wenn wir all unser geologisches Wissen, das wir seit 1948 gesammelt haben, im Internet publizieren und dann die ganze Welt fragen, wo wir auf Basis dieser Daten Gold finden?". Als Preis für die besten Vorschläge und Methoden sollten 575.000 $ ausgeschrieben werden. McEwan wurde belächelt, manche erklärten ihn für verrückt. Das geologische Wissen ist eines der wichtigsten Assets eines Goldunternehmens. Wie konnte man so sorglos damit umgehen und es einfach im Internet publizieren? Innerhalb von wenigen Wochen kamen Vorschläge aus der ganzen Welt: von Geologen, Studenten, Beratern, Mathematikern und Offizieren. 110 Goldquellen wurden identifiziert – ca. 8 Millionen Unzen Gold. Das Überraschendste allerdings war der Sieger: Er war weder Geologe, Ingenieur noch ein auf Bergbau spezialisierter Wissenschaftler. Der Sieger hieß Nick Archibald, Managing Director von Fractal-Graphics Ltd. in Australien[228]. Er war nie in einer Goldmine und nie in Kanada. Er hatte aber Spezialwissen aus einem ganz anderen Bereich: Sein Unternehmen war spezialisiert auf die Produktion von 3D Computermodellen. Was Archibald tat, war – für ihn – ganz einfach: Er aggregierte alle Daten und stellte sie dreidimensional dar! Diese Übung war im wahrsten Sinne des Wortes Gold Wert – ziemlich viel sogar.

Ist so etwas ein Einzelfall oder nur Zufall? Keineswegs! "No matter who you are, most of the smartest people work for someone else." Diesen Satz prägte Bill Joe von Sun Microsystems im Jahre 1990, er wurde zum Leitgedanken der Open Innovation-Bewegung. Kein Unternehmen kann all das Wissen im Hause haben, das nötig ist, um die brennendsten Probleme zu lösen. Auch wenn sie die besten Experten beschäftigen, ihre Problemlösungsfähigkeit und ihre Kreativität sind eingeschränkt durch die fachliche Brille, die sie tragen. Lars Bo Jeppesen und Karim Lakhani untersuchten die Crowdsourcing-Plattform Innocentive, auf der zahlreiche Unternehmen Forschungsprobleme im Rahmen eines Wettbewerbes weltweit ausschreiben und stellten Erstaunliches fest[229]: Die Wahrscheinlichkeit, dass jemand so einen Wettbewerb gewinnt, steigt je weiter seine fachliche Expertise vom zu lösenden Problem entfernt ist. Das ist überraschend und lässt sich doch einfach erklären. Er sieht das Problem durch eine ganz andere Brille und verwendet unkonventionelle Denkmuster und Methoden, über die die Fachexperten gar nicht verfügen. Noch etwas stellten sie fest: Über 70 Prozent der Lösungen waren dem Sieger des Wettbewerbs schon bekannt!

Übertragen Sie diese Beobachtungen einmal auf den Strategieprozess in Ihrem Unternehmen! Wenn Sie Bahnbrechendes erreichen wollen, müssen Sie aus tradierten Mustern ausbrechen und bereit sein, auch unkonventionelle Wege zu gehen. Dabei müssen Sie aber die Welt nicht immer neu erfinden. 90 Prozent der großen Geschäftsmodellinnovationen sind schließlich nichts anderes als das Übertragen oder Rekonfigurieren von Mustern aus anderen Branchen[230]! Um das aber tun zu können, brauchen Sie Wissen und Expertise weitab von ihrem Kerngeschäft.

Große Sprünge durch Open Strategy?

Martin Chalfie, Professor für Biologie an der Columbia University, erhielt 2008 den Nobelpreis dafür, dass es ihm erstmals gelang, das grün fluoreszierende Protein (GFP) außerhalb der Qualle Aequorea Victoria zur Expression zu bringen. Eine entscheidende Entdeckung, da es nun möglich war, das Protein als genetischen Marker einzusetzen. Daraus wurde ein wichtiges Werkzeug für die Wissenschaft. Das GFP lässt sich beliebig mit anderen Proteinen fusionieren und seine räumliche und zeitliche Lokalisation in lebenden Zellen, Geweben oder Organismen beobachten: Nervenzellen, die während der Entwicklung von Alzheimer zerstört werden, lassen sich ebenso beobachten wie Insulin-produzierende Betazellen im Pankreas heranwachsender Embryos. In einem spektakulären Experiment ist es zum Beispiel Forschern gelungen, unterschiedliche Nervenzellen in einem Mäusehirn mit einem Kaleidoskop unterschiedlicher Farben zu markieren."[231] Ausschlaggebend für

Kapitel 6: Management im Zeitalter der digitalen Transformation

diesen Nobelpreis war – zumindest auf den ersten Blick – ein Zufall. Chalfie beschäftigte sich mit dem Nervensystem von Würmern. Um deren Gewebe zu untersuchen, mussten diese natürlich getötet werden, eine Beobachtung, was „live" passierte, war nicht möglich. Als Martin Chalfie am 25. April 1989 zu einem Vortrag außerhalb seines Forschungsschwerpunktes ging, der ihn eigentlich nicht sonderlich interessierte – es ging darum, wie Quallen sichtbares Licht produzieren und bioluminizieren – erlebte er einen Heureka-Moment: Wenn es ihm gelänge, das GFP Gen an ein beliebiges Gen eines anderen Organismus anzuhängen, konnte er beobachten, wie sich dieses bewegte. Niemand sonst war bisher auf diese Idee gekommen. In seinem wunderbaren Buch „Seeing what others don't" beschreibt Gary Klein[232] das Muster großartiger Entdeckungen. Für die Mustererkennung untersucht er 120 Fälle, unter anderem die Entdeckung des GFP als Marker durch Chalfie. Solche großartigen Entdeckungen entstehen, so Gary Klein,

(1) wenn es uns gelingt, Dinge zu verbinden, die vorher nicht verbunden waren. Bei Chalfie war es die Verwendung des GFPs, das es schon seit fast 30 Jahren gab, in einem völlig neuen Kontext.

(2) Viele Entdeckungen entstehen aus reinem Zufall gepaart mit Neugierde. So wurde beispielsweise Penicillin entdeckt. Alles begann mit einer verschimmelten Bakterienkultur. Alexander Fleming untersuchte Bakterienkulturen und in eine davon geriet ein Schimmelpilz. Als er nach den Sommerferien zurückkehrte, stellte er fest, dass in der Nachbarschaft des Pilzes sich die Bakterien nicht vermehrten, der Pilz sonderte wohl eine bakterientötende Substanz ab.

Auch (3) Widersprüche, wenn man ihnen systematisch nachgeht, können zu großen Entdeckungen führen. So spürte John Snow die Ursache von Cholera Mitte des 19. Jahrhunderts auf. Bis dahin glaubte man, dass sich Cholera durch schlechte Luft und üble Gerüche verbreitete, beispielsweise aufgrund schlechter sanitärer Bedingungen. Snow aber beobachtete, dass Menschen, die sich im selben Raum aufhielten, sich manchmal ansteckten, oft aber auch nicht. Die Lungen der Opfer unterschieden sich nicht von den Lungen Gesunder, wohl aber der Verdauungstrakt. Das passte nicht ins Bild. Von diesem Widerspruch motiviert, betrieb er systematischere Forschung. Schließlich beobachtete er, dass Menschen in einem Stadtviertel sich mit Cholera ansteckten, ganz unabhängig davon, ob sie dieselbe Luft atmeten oder nicht. Ausschlaggebend war, ob sie dasselbe Wasser tranken!

Schließlich (4) entstehen große Entdeckungen oft aus einer kreativen Verzweiflung, die uns zwingt, völlig neue Wege zu gehen.

Welche Lehren lassen sich aus Gary Kleins Forschungen für die Strategiearbeit ziehen?

- Erstens: Große Ideen entstehen durch „Cross-Fertilization". Meist dann, wenn man die Grenzen der eigenen Branche, der eigenen Expertise oder der eigenen Disziplin verlässt. Dabei ist es oft keineswegs nötig, die eigene Kernkompetenz zu verlassen. Vielmehr geht es darum, diese mit anderen Technologien, anderem Wissen usw. zu verbinden. Bereits in einer frühen Phase eines Strategieprozesses kann eine systematische Öffnung zu Heureka-Effekten führen.
- Zweitens: Geben Sie Zufällen Raum, in dem Sie viele Möglichkeiten schaffen. Cross-Fertilization lässt sich zwar nicht planen, aber Louis Pasteur schrieb einmal: „Der Zufall begünstigt den vorbereiteten Geist". Gehen Sie bei der Öffnung des Strategieprozesses systematisch vor! Wer aus welcher Branche könnte etwas zu Ihren Kernkompetenzen und Technologien zu sagen haben? Welche Branche beschäftigt sich mit ähnlichen Problemstellungen? Pflegen Sie einen aktiven Diskurs mit Experten aus den diversen Branchen, Disziplinen usw. Und vor allem: Entwickeln Sie Neugierde für Probleme und Lösungen außerhalb der eigenen Branche.
- Drittens: Suchen Sie nach schwachen Signalen, möglichen Widersprüchen und nutzen Sie dezentrales Wissen. FBI Special Agent Kenneth Williams aus Phoenix, Arizona, machte vor 9/11 interessante Beobachtungen, die ziemlich widersprüchlich waren und gar nicht in ein Muster passten[233]: Mehrere Männer arabischer Herkunft nahmen Flugstunden in Phoenix. Sie wollten aber weder Starten noch Landen lernen, das Schwierigste beim Fliegen. Williams

informierte das FBI Headquarters und warnte vor einer möglichen Terror-Mission. Diesen widersprüchlichen Beobachtungen wurde nicht nachgegangen, die schwachen Signale wurden ignoriert. FBI Direktor Robert Mueller hatte keine Ahnung von diesen Beobachtungen. Diese Informationen wurden von seinen Mitarbeitern gefiltert und nicht an ihn weitergegeben. Den Strategieprozess zu öffnen allein reicht nicht aus. Ihre Entscheidungsträger müssen direkt mit externen Experten in Kontakt kommen. Nur so können Sie Widersprüche und schwache Signale entdecken und daraus etwas machen.

- Viertens: Vor allem bei disruptiven Veränderungen ist es meist erst eine kreative Verzweiflung, die uns ausreichend motiviert, zu handeln. Hier kommen wir zurück zur Frage „What could totally disrupt our business"? wie sie sich Gisbert Rühl, CEO von Klöckner, stellte und wie wir sie im Rahmen unseres „Nightmare Competitor"-Ansatzes mit Führungskräften durchspielen.

Nun stellt sich die Frage, wie ein Ansatz der Öffnung der Strategiearbeit aussehen könnte. Aufgrund unserer Erfahrungen hat sich ein Prozess in fünf Schritten als praktikabel erwiesen:

1. Reflexion: Ein gemeinsames und vor allem realistisches Bild der eigenen Kompetenzen erzeugen!
Strategiearbeit sollte ein tiefes Verständnis der eigenen Kompetenz- und Fähigkeitsfelder zum Ausgangspunkt nehmen. Das folgt einer zentralen Erkenntnis der Strategieforschung: Die Segel bestimmen den Kurs, nicht der Wind. Bestehende Kompetenzen können oft besonders wertvolle Quellen für radikale oder gar disruptive Innovationen sein. Fakt ist aber auch, dass die wahren bzw. potenzialträchtigen Kompetenzen oft unter der Oberfläche schlummern. Man ist sich der eigenen Kompetenzen gar nicht bewusst. Eine intensive und tiefgreifende Auseinandersetzung mit dem Blick von außen ist nötig, um ein realistisches Bild zu bekommen. Unter Einbindung externer Partner, Kunden, Forscher oder Experten kann Ungeahntes zum Vorschein kommen. Angenommene Stärken zerfallen oder Kompetenzen, die man bisher nicht beachtete, können an Bedeutung gewinnen.

2. Öffnung: Besondere Ideen generieren durch radikale Öffnung nach innen, aber vor allem nach außen!
Nun geht es darum, ausgehend von den Kernkompetenzen lateral zu denken – und auch denken zu lassen. Chris Zook und James Allen haben deutlich gezeigt, dass Wachstum aus dem Kerngeschäft von allen Wachstumsstrategien die größten Erfolgsaussichten hat: Profit from the Core![234] Wir sprechen hier aber nicht von linearen Wachstumskorridoren. Vielmehr geht es um Fragen wie diese:
- Welche neuen Wachstumsmöglichkeiten ergeben sich aus unseren Kernkompetenzen außerhalb des bestehenden Kerngeschäfts oder gar außerhalb der Branche?
- Wie lassen sich unsere Kernkompetenzen mit neuen Fähigkeiten und digitalen Technologien ergänzen?
- Wie können wir Kompetenzen in neue digitale Geschäftsmodelle entwickeln?

Beim (Er-)Finden von neuen Wachstumsräumen sollte man sich also nun nicht nur auf die eigene Kreativität verlassen. Und schon gar nicht auf ein rein technologisches Weltbild. Vielmehr ist es spannend, je nach Kompetenzfeld oder Fähigkeitsbündel (Fach-)Experten zu identifizieren und gemeinsam mit diesen in einem intensiven Diskurs darüber nachzudenken, welche „verrückten" und „eigenartigen" Ideenkeime aus den entdeckten „Stärken" abgeleitet werden könnten. Open Innovation „Die Zweite"! Sie werden sich wundern, welche und vor allem wie viele Türen Ihrem Unternehmen grundsätzlich offenstehen.

3. Fokussierung: Das Wertvolle und Erreichbare herausfiltern
Insbesondere in dieser Phase ist Qualität vor Quantität gefordert. Die Kunst liegt darin, die Vielzahl spannender Ideenkeime nach der ersten Öffnung in eine Ordnung zu bringen und danach die drei bis fünf wertvollsten Ideen für den nächsten Schritt auszuwählen. Inhaltlich sollte bei dieser Fokussierung jeder Ideenkeim mit folgender Logik im Team analysiert werden:
- Worum geht es im Kern beim jeweiligen Ideenkeim?
- Auf welche Spieler treffen wir?
- Welche Rolle können wir im jeweiligen Spiel einnehmen?
- Welche Rollen und Aktivitäten bringen wie viel ein?
- Wo helfen unsere heutigen Fähigkeiten wirklich weiter?

Kapitel 6: Management im Zeitalter der digitalen Transformation

Entscheidend bei der Fokussierung ist nicht alleine die Attraktivität, d. h. das Potenzial einer Idee. Vielmehr muss man verstehen, wo genau die individuelle Chance jeder Idee liegt.

4. Vernetzung: Ideen anreichern und qualifizieren
   Mit einer deutlich reduzierten Anzahl an Optionen geht es in die nächste Öffnung. Diesmal aber mit ganz anderen Leuten und mit einem ganz anderen Ziel. Die Herausforderung liegt darin, potenzielle Nutzer und Industrieexperten zu identifizieren, die das Verständnis über Marktdynamik und Kundennutzen schärfen können. Auch hier sind wiederum intensive Diskurse und keine Einzelgespräche gefordert. Erst die Diskussion und Reflexion in der Gruppe mit mehreren Externen bringt die wahre Qualifizierung. Auf diese Vernetzung muss abermals eine Fokussierung folgen. Die Idee bekommt zunehmend Substanz – ist aber längst noch keine Geschäftslogik. Aber eben diese braucht es, um mit Innovationen erfolgreich zu sein.
5. Geschäftslogik: Von der Innovation zum Erfolg
   Für die Top-Ideen gilt es jetzt Schritt für Schritt jene Dimensionen zu detaillieren, die es braucht, um von einer einzigartigen, stimmigen und zukunftsfähigen Geschäftslogik zu sprechen. Dazu müssen in intensiver Arbeit die Dimensionen eines Geschäftsmodells ausgeprägt werden, namentlich: die Positionierung, das Leistungsangebot, die dahinterliegende Wertschöpfungslogik, der Marktangang und die Ertragslogik.

Fazit: Das Neue fällt nicht vom Himmel – es bedarf einer intensiven Auseinandersetzung mit dem Thema. Und es gilt: Halber Einsatz bedeutet nicht halbe Ergebnisse, sondern keines!

Den Umgang mit Innovationen beschleunigen

Peter Skillman, Experte im kreativen Produktdesign, wurde mit seiner Marshmallow Design Challenge bekannt[235]. Er gab unterschiedlichen Gruppen von drei oder vier Personen, darunter auch Ingenieure und Studenten, 20 ungekochte Spaghetti, einen Meter Klebeband, einen Marshmallow und einen Bindefaden. Sie hatten 18 Minuten Zeit, um daraus die höchstmögliche, freistehende Struktur zu bauen, die den Marshmallow auf der Spitze tragen soll. Die Ingenieure waren ziemlich erfolgreich. Die Wirtschaftsstudenten waren die schlechtesten. Die Aufgabe war gar nicht so einfach. Spaghettis brachen und Marshmallows können relativ schwer sein. CEOs bauen im Schnitt Türme mit 53 cm Höhe. Anwälte schaffen 38 Zentimeter, Wirtschaftsstudenten nur ganze 25 Zentimeter. MBA-Studenten verbringen zu viel Zeit damit festzulegen, wer der Spaghetti-CEO ist, bevor sie sich an die Arbeit machen. Kindergartenkinder bauen Türme von durchschnittlich 68 Zentimetern Höhe![236] Sie schlugen sogar Ingenieure! Warum? Sie waren nicht gehemmt durch irgendwelche Annahmen, Regeln oder Theorien. Sie verschwendeten auch keine Zeit mit Diskutieren und Planen. Sie beginnen einfach und probieren aus. Was nicht funktioniert, funktioniert eben nicht – und man versucht etwas Anderes. Ingenieure hatten jahrelange Ausbildung im Bau von soliden Strukturen und überlegten sich komplexe Lösungen. Als man zum Schluss den Marshmallow oben draufsetzte, brachen die Türme unter der Last zusammen. Dann blieb kaum noch Zeit für Alternativen. Die Lehre daraus: „Mehrfache Iterationen sind meist besser als zielgerichteter Fokus auf eine einzige Idee (…) Wenn Sie wenig Zeit haben, ist es wichtig Fehler zu machen (…) Scheitern Sie schnell um schnell erfolgreich zu sein."[237]

„Deutsche Unternehmen wollen perfekt sein, auch wenn es lange dauert. Kalifornier machen es anders: Auf den Markt kommen Prototypen. Kunden werden zu Komplizen und helfen bei der Verbesserung. Das Silicon Valley rennt und liegt damit meistens vorn."[238] So beschreibt Christoph Keese ein Merkmal des Silicon Valley: Die Hochgeschwindigkeitsökonomie.

Die „Bibel" für Start-up-Unternehmen im Silicon Valley trägt den Titel „Lean Start-up – schnell, risikolos und erfolgreich Unternehmen gründen"[239]. Das Buch stammt von Eric Ries. Die Kernbotschaft? Keine Zeit verschwenden, um das „perfekte" Produkt zu entwickeln. Vielmehr lautet die Devise: schnell, einfach und auf das Wesentliche konzentriert sein. Vor allem zwei Dinge sind es, die die Geschwindigkeit von Start-up-Un-

Kapitel 6: Management im Zeitalter der digitalen Transformation

ternehmen ausmachen: Ein minimal-funktionsfähiges Produkt und Pivoting. Steve Blank[240] meint dazu: (1) Kein Business Plan überlebt den ersten Kontakt mit dem Kunden, (2) Niemand außer Venture Capitalists und der Sowjetunion verlangen 5-Jahres-Pläne, (3) Start-ups sind keine Miniaturkopien von Großunternehmen. Diejenigen, die schließlich erfolgreich sind, sind jene, die sich schnell von Fehler zu Fehler bewegen, die iterieren und die ursprüngliche Idee verbessern, indem sie dauernd von Kunden lernen. Während etablierte und vor allem große Unternehmen ein Geschäftsmodell umsetzen, suchen Start-ups nach dem Geschäftsmodell[241].

Die Lean Start-up-Methode hat drei zentrale Merkmale: (1) Anstatt langes Planen, um dabei möglichst viele Eventualitäten vorwegzunehmen, beginnen Start-ups mit Hypothesen, die teilweise noch vage sind, aber eine Art Geschäftsmodell darstellen, (2) Start-ups gehen dann schnell mit einem „Minimal Viable Product" auf den Markt, holen sich Feedback von Kunden, Partnern, usw., um ihre Hypothesen zu testen, (3) Start-ups sind bereit, Hypothesen zu verwerfen, wenn sie nicht bestätigt werden, neue zu entwickeln, um weiter zu testen, bis sie ein funktionsfähiges Produkt oder Geschäftsmodell haben.

Es gehe also um minimal-funktionsfähige Produkte, deren Kernfunktionen (!) aber gleichwohl funktionieren müssen. Hier dürften keine Kompromisse eingegangen werden. Prismatic-Gründer Bradford Cross meint dazu: „Es geht darum, möglichst rasch ein möglichst gutes Produkt auf den Markt zu bringen. Das Produkt muss schlank sein. Es muss die Kernfunktionen enthalten, mehr nicht. Aber diese Kernfunktionen müssen perfekt sein. Da ist kein Platz für Kompromisse."[242]

Ein minimal-funktionsfähiges Produkt (MFP) unterstützt Lernprozesse. Es geht darum, Trial-and-Error-Schleifen schnell und mit geringem Aufwand zu durchlaufen: „Im Gegensatz zur Produktentwicklung der klassischen Art, die lange, sorgfältige Inkubationsperiode und Produktperfektionierung anstrebt, besteht das Ziel eines MFP darin, den Lernprozess einzuleiten, statt ihn zu beenden. Ein MFP ist, anders als ein Prototyp oder Konzepttest, nicht darauf ausgelegt, Fragen zum Produktdesign oder zu technischen Merkmalen zu beantworten. Es zielt darauf ab, grundlegende Hypothesen zu überprüfen."[243]

Das Angebot wird erst dann erweitert und verbessert, wenn erstes Feedback vom Markt vorliegt. Geschwindigkeit wird erzeugt, indem man schnell auf den Markt geht, um zu erkennen, ob das Geschäftsmodell funktioniert oder nicht. Falls nicht, gilt das Prinzip des „Pivoting": sofortige Anpassung und Korrektur, also eine Art „Einschwenken". „Trial and Error" lautet hier das Motto.

Die Entwicklung von PayPal veranschaulicht, was gemeint ist[244]. Mit der ersten Anwendung, die PayPal entwickelte, zielte man auf die Nutzer von PalmPilot, die damit Geld von einem Palm auf einen anderen übertragen. PayPal war der einzige Anbieter so einer Dienstleistung. Dennoch: Es funktionierte nicht. Die Millionen Nutzer von Palm auf der ganzen Welt waren weit auseinander, hatten kaum etwas gemeinsam und sie nutzten ihr Gerät auch nur eher sporadisch. Es gab keinen Bedarf für so eine Anwendung. PayPal lernte daraus und änderte rasch den Zielmarkt. Man konzentrierte sich auf eBay-Auktionen. Nach nur drei Monaten konnte das Unternehmen 25 Prozent der „Power-Seller" auf eBay gewinnen: „Es war einfacher, ein paar Tausend Menschen zu erreichen, die unser Produkt wirklich benötigten, als um die Aufmerksamkeit von Millionen verstreuten Nutzern zu werben" und Peter Thiel setzt fort: „Der perfekte Markt für ein kleines Start-up ist klein und wird bislang von niemandem oder nur von wenigen Mitbewerbern bedient. Ein großer Markt ist schlecht, und ein großer umkämpfter Markt ist noch schlechter."[245] Diese Feststellung gilt generell für disruptive Innovationen. Der Zielmarkt sollte zunächst die Nische sein, in der die Innovation Erfolg haben kann. Aus der Nische zu wachsen, ist der nächste Schritt. Paypal wurde schließlich 2002 von eBay für 1,5 Milliarden Dollar gekauft. Heute, wieder als eigenständiges Unternehmen, hat es allein in Deutschland 16 Millionen Kunden.

Mit dem Lean Start-up-Ansatz muss eine entsprechende Fehlerkultur einhergehen. Wir brauchen „große Anreize für erfolgreiche Innovationen und kleine Strafen für Fehler"[246]. In den meisten Unternehmen finden wir genau das Gegenteil. A. G. Lafley, ehemaliger CEO von Procter & Gamble und Open-Innovation-Pionier, beschreibt seine Sicht zur Fehlerkultur so: „You learn far more from your failures than you do from your successes ... what we're trying to do now is fail a lot faster, fail a lot cheaper, so we can fail more and get onto the next idea or the next innovation that may become a commercial success. But failure is incredibly important, and learning from failure is very important."[247]

Mit Start-ups kooperieren

Bosch, ein Industriekonzern im reifen Alter von 130 Jahren, ist einer der größten Risikokapitalgeber Deutschlands. Das Unternehmen ist an 30 Start-ups weltweit beteiligt. 2007 startete das Unternehmen seine Digitalisierungsoffensive. Vor kurzem wurde der dritte Fonds von mehr als 150 Millionen Euro aufgelegt. Insgesamt verwaltet Bosch 420 Venture Capital-Millionen[248]. Über seine vier Büros in Tel Aviv, Shanghai, München und Berkeley hält Siemens Kontakt zu etwa 1.000 Start-ups und rund 20 Kooperationen gehen daraus jährlich hervor. Mehr als 800 Millionen Euro Venture Capital hat Siemens in 180 Start-ups investiert[249].

Es scheint in den Führungsetagen angekommen zu sein, dass das Engagement in Start-ups durchaus ein Weg ist, in der Digitalisierung Fuß zu fassen. Start-ups funktionieren anders als etablierte Unternehmen. Sie folgen bedingungslos einer Idee, sind agil, zeigen Risikobereitschaft, bergen oftmals große Wachstumsaussichten – alles Eigenschaften, die etablierten Großunternehmen vielfach fehlen. Umgekehrt haben diese Ressourcen, besondere Fähigkeiten, Stabilität, Macht, einen Markt und entsprechende Routinen, um Geschäftsmodelle effizient zu betreiben[250]. Gelingt ein Zusammenwirken, können sich etablierte Unternehmen und Start-ups angesichts der komplementären Profile gut ergänzen. Mit Kooperationsprojekten erhoffen sich daher viele Unternehmen

- Zugang zu neuen Ideen und Zugang zu neuen Produkten,

- Einblick in die Szene rund um Gründer, Innovationen und Unternehmertum,
- von Start-ups und deren „way of business" zu lernen und schließlich
- Investitionschancen.

Tobias Weiblein und Henry Chesbrough[251] beschreiben in ihrem Aufsatz in der *California Management Review* vier Ansätze, die es großen Unternehmen erlauben, die Kraft von Start-ups für sich zu nutzen:

- Corporate Venturing (z. B. Intel Capital, SAP Ventures, Google Ventures): Die Beteiligung an Start-ups eröffnet den Zugang zu Technologien und neuen Geschäftsmodellen. Mit ein Grund für die Rückständigkeit Europas in digitalen Geschäftsmodellen ist die noch vergleichsweise schwach ausgeprägte Gründerszene. Auch ist Venture Capital nicht in ausreichendem Maße verfügbar. Venture Capital heißt nicht nur Investitionschancen zu erschließen. Es fördert zugleich den Aufbau eines viablen Ökosystems der Digitalisierung. Davon profitieren beide: Etablierte Unternehmen und Start-ups.
- Corporate Incubation (z. B. Xerox PARC, Bosch Start-up): Ideen, die dann und nur dann erfolgreich sind, wenn sie in Geschäftslogiken betrieben werden, die in gewissem Abstand zum Kerngeschäft stehen, werden ausgegründet. Die Corporate Inkubatoren stellen Ressourcen, Expertise und auch Kontakte zur Verfügung und betten das Geschäft in ein Start-up-taugliches Umfeld.
- Outside-in-Start-up-Programme (z. B. Siemens TTB, Intel Wearables Accelerator): Start-ups bewerben sich um Unterstützung durch etablierte Unternehmen – meist „pitchen" sie gegeneinander. Hier greifen sogenannte Corporate Accelerator-Programme: Wettbewerbe werden ausgeschrieben, oftmals zu bestimmten Themen. Aussichtsreiche Start-ups werden in der Folge unterstützt, sei es mit Geld, sei es durch Coaching, sei es durch Zugang zu Ressourcen, Technologien – oder durch eine Kombination aus allem.
- Inside-out-Platform-Start-up-Programme (z. B. SAP Start-up Focus): Unternehmen versuchen um die eigene Plattform ein Ökosystem von Start-ups aufzubauen, das die eigene

Kapitel 6: Management im Zeitalter der digitalen Transformation

Plattform nährt und von dem das Unternehmen profitiert (z. B. erhalten Apple iOS und Google Android 30 Prozent des Umsatzes aller Plattformpartner).

So unterschiedlich die Kooperationsformen auch sind, so lassen sich doch einige allgemeine Erkenntnisse ableiten.[252]

Zunächst ist es wichtig, das Neue von der Bürokratie des Alten fernzuhalten. Geschieht das nicht, gehen wichtige Erfolgsfaktoren – nämlich Geschwindigkeit, Agilität, Risikobereitschaft, Kreativität und die Freude am Probieren – verloren. Etablierte Unternehmen, die erfolgreich mit dem Neuen – digitale Geschäftslogiken eingeschlossen – umgehen, schaffen eine eigene Einheit (im Sinne einer „New Co"), die für die Steuerung der Start-ups zuständig ist und als „Puffer" zwischen den Welten dient.

Die Machtverhältnisse zwischen Start-ups und Großunternehmen sind asymmetrisch – zugunsten des Großunternehmens. Daher ist es wichtig, dass etablierte Unternehmen früh und überzeugend signalisieren, dass sie ihre Position nicht ausnutzen. So kommuniziert beispielsweise SAP: „SAP doesn't ask for money, SAP doesn't ask for IP. It's your code, but we're going to support you."[253]

Ein dritter Erfolgsfaktor ist die Integration Vieler in ein Start-up Ökosystem. Dritte sollten nicht misstrauisch beäugt und als Konkurrenten gesehen werden. Vielmehr geht es darum, den Beitrag, den sie leisten können, zu verstehen und in einer Wertschöpfungspartnerschaft zusammenzuwirken. Unabhängige Venture Capitalists oder Inkubatoren können beim Screenen des Start-up-Marktes helfen, sie können Coaching betreiben, Co-Investoren sein oder auch eine Mediationsrolle zwischen Unternehmen und Start-ups einnehmen. Ökosysteme sind komplexe Gebilde. Aber eben diese Komplexität ist der Preis, will man potenzialträchtige Synergieeffekte heben.

Das Führungsverständnis erneuern[254]

Stellen Sie sich vor, ein Manager, der in den 1960er Jahren verstarb, kommt für ein paar Stunden in unsere Zeit zurück.

Er würde staunen, wie sich alles verändert hat: Wir waren in der Zwischenzeit auf dem Mond, drucken Gegenstände mit 3D-Druckern aus, lassen uns von einer Stimme im Auto den Weg ansagen, drehen Videos mit unserem Smartphone und erledigen damit auch unsere Einkäufe. Noch mehr würde er allerdings staunen, wenn er „moderne" Unternehmen besuchte: Im Grunde hat sich dort kaum etwas verändert. Wichtige Entscheidungen werden nach wie vor von hochbezahlten (immer noch vorwiegend männlichen) Managern an der Unternehmensspitze getroffen. Mitarbeiter auf unteren Ebenen werden durch Zielvorgaben, Budgets und Controlling-Methoden geführt. Sie werden von ihren Vorgesetzten eingeteilt und beurteilt. Es gibt Abteilungen und Hierarchien.[255] Vor diesem Hintergrund stellt Gary Hamel in seinem Bestseller „Das Ende des Managements" die Frage, ob diese Art der Führung noch zeitgemäß ist. Können wir es uns leisten, in der gleichen Logik zu führen, obgleich sich die Rahmenbedingungen derart verändert haben?

Wenden wir uns kurz einem anderen Bestseller zu: „The wisdom of the crowds" (Die Weisheit der Vielen) von James Suroviecki[256]: An einem Herbsttag des Jahres 1906 besuchte der Universalgelehrte Francis Galton die West of England Fat Stock and Poultry Exhibition. Dort beobachtete er einen interessanten Wettbewerb. Auf der Bühne stand ein Ochse und alle Teilnehmer der Messe waren aufgefordert, das Schlachtgewicht des Tieres zu schätzen. Francis Galton betrachtete das Ganze mit den Augen eines Wissenschaftlers. Er sah die Chance, empirisch zu belegen, wie „dumm" die Masse ist. Der durchschnittliche Messebesucher sollte mit seiner Schätzung deutlich neben dem richtigen Wert liegen. Er notierte alle Schätzung – und die erwartete Glockenkurve entstand. Er berechnete auch den Mittelwert aller Schätzungen – und traute seinen Augen nicht: Der Mittelwert aller Schätzungen lag um nur ein englisches Pfund unter dem tatsächlichen Gewicht von 1198 Pfund. Das Gruppenurteil war unglaublich genau – besser als jede einzelne Schätzung (obwohl durchaus fachkundige Personen, etwa Metzger, anwesend waren).

Kapitel 6: Management im Zeitalter der digitalen Transformation

James Surowiecki zeigt mit diesem (und vielen anderen) Beispielen, wie das Wissen der Masse Expertenurteile schlagen kann. Und das ist der Fall, wenn vier Bedingungen erfüllt sind:

- Diversität. Unterschiedliche Menschen bringen unterschiedliche Perspektiven, Erfahrungen und Informationen ein – oder, wie Eric Raymond, ein Kommentator der Welt der Softwareentwicklung sagt: "Given a large enough beta-tester and co-developer base, almost every problem will be characterized quickly and the fix will be obvious to someone". Einfacher formuliert: "given enough eyeballs, all bugs are shallow" (Linus' Law).
- Unabhängigkeit. Menschen müssen ihre Informationen ohne Beeinflussung durch andere und ohne Gruppendruck beisteuern können. Es muss unabhängig von der Position, von hierarchischem Status, der Zugehörigkeit zu Abteilungen und unabhängig von ihrer Ausbildung erfolgen.
- Dezentralisierung. Menschen an unterschiedlichen Orten und mit unterschiedlichem Erfahrungshintergrund haben unterschiedliches (Spezial-)Wissen. Sie müssen in die Lage versetzt werden, ihr lokales Wissen beizusteuern.
- Aggregation. Es braucht einen funktionierenden Mechanismus, um dezentrales Wissen zu aggregieren. Im einfachsten Fall durch Mittelwertbildung wie im Fall der West of England Fat Stock and Poultry Exhibition. Ansonsten durch elaborierte Formate der Zusammenarbeit und wirksamen Formen des Zusammenführens.

Bitte überlegen Sie kurz: Welche dieser vier Bedingungen sind in Ihrem Unternehmen tatsächlich gegeben? Wenn Sie die Weisheit der Vielen nutzen und damit bessere Entscheidungen treffen wollen, dann müssen Sie an diesen vier Bedingungen arbeiten.

Viele Unternehmen haben begonnen, systematische Methoden einzuführen, um das Wissen ihrer Organisation zu nutzen (durch Wikis beispielsweise, Blogs, interne Innovation Communities oder Prediction Markets). Das ist gut, aber noch nicht die Lösung. Die wirkliche Herausforderung ist die Änderung der Führungskultur, insbesondere des Führungsverhaltens. Dabei spielen – erfahrungsgestützt – die folgenden Aspekte eine Rolle, will man die „Wisdom of the Crowd" in vollem Umfang erschließen.

1. Schaffen Sie kognitive Diversität

Strategiediskussionen und strategische Entscheidungen finden oft hinter verschlossenen Türen statt. Das mag stellenweise seine Berechtigung haben. Allerdings verschließen Sie sich der Möglichkeit, neue Perspektiven einzufangen. Eingespielte Teams haben meist festgefahrene Sichtweisen, Verhaltensmuster und sind wenig offen für überraschende Wege. Um Epochales zu erreichen, um wirklich neue Dinge zu lernen und bahnbrechende Ideen zu entwickeln, müssen wir den Kreis unserer engen Kontakte und unserer Routinen verlassen. Lassen Sie nochmals die zuvor beschriebenen Beispiele Revue passieren. Denken Sie an McEwen, wie er neue Goldvorkommen entdeckte (bzw. entdecken ließ) oder an den Biologieprofessor Martin Chalfie mit seinem grün fluoreszierenden Protein (GFP)!

Scott E. Page, Sozialwissenschaftler an der University of Michigan, nennt vier Elemente, die kognitive Diversität ausmachen[257]: (1) Diverse Perspektiven – Situationen und Probleme können auf ganz verschiedene Weisen wahrgenommen werden, (2) Diverse Interpretationen – Perspektiven können in unterschiedliche Kategorien aufgeteilt und gedeutet werden, (3) Diverse Heuristiken – Lösungen können durch unterschiedliche Wege zustande kommen und (4) diverse Vorhersagemodelle – wir können auf unterschiedliche Art und Weise Beziehungen zwischen Ursachen und Wirkungen herstellen.

Diese Diversität hat einen Wert und kann genutzt werden – das belegt die Empirie: Eine großangelegte Studie in den USA zeigt, dass Unternehmen mit einem hohen Maß an Diversität (Gender, Ethnie und sexuelle Orientierungen) und Unterschiedlichkeit im Erfahrungshintergrund (beispielsweise Ausbildung, Auslandserfahrungen) deutlich höhere Erfolgswahrscheinlichkeiten im Wachstum (45 Prozent) und in der Eroberung neuer Märkte (70 Prozent) haben. Diversität fördert das „Out of the Box"-Denken![258]

Kapitel 6: Management im Zeitalter der digitalen Transformation

Der Soziologe Mark S. Granovetter[259] untersuchte in den 1970er Jahren wie Arbeitslose zu neuen Jobs kamen und fand dabei Erstaunliches heraus. Er fragte jene, die gerade eine neue Arbeit über persönliche Kontakte fanden, wie oft sie die Person vorher gesehen hatten, von der sie den wertvollen Tipp erhielten. Man würde erwarten, dass es vor allem „enge" Kontakte sind – also Freunde, gute Bekannte, Leute mit denen man viele Kontaktpunkte hat und gute Beziehungen pflegt. Granovetter stößt auf Kontraintuitives. Es sind Menschen, mit denen man nur lose vernetzt ist und die sich in ganz anderen Kreisen bewegen. Die Erklärung dafür ist einfach: Enge Kontakte nutzen ähnliche Quellen und liefern redundante Informationen. Neues kann man sich deshalb nicht erwarten. Menschen, mit denen man weniger zu tun hat, bewegen sich in ganz anderen sozialen Kreisen und liefern insofern neues Wissen.

Was können wir daraus für die Unternehmensführung im Allgemeinen und für Innovation im Besonderen lernen? Wissen innerhalb enger Kreise ist redundant! Verlassen Sie diese Kreise, suchen Sie Kontakte außerhalb der eignen Netzwerke (etwa im Unternehmen, in der eigenen Branche etc.). Die Wahrscheinlichkeit wirklich Neues zu erfahren, ist erheblich größer! Schaffen Sie sich ihr persönliches „Sounding board" aus Menschen mit ganz unterschiedlichen Profilen in Bezug auf Disziplin, Erfahrung, Hintergrund. Der CEO von Infosys, N.R. Narayana Murthy, verwendet eine einfache Vorgabe, um Diversität in strategischen Entscheidungen sicherzustellen: die 30/30-Regel. 30 Prozent der Entscheiderrunde muss jünger als 30 Jahre sein. Diese sind (noch) nicht geprägt vom Erbe der Vergangenheit und frei von tradierten Denk- und Verhaltensmustern[260].

Viele Unternehmen nutzen heute Blogs, Wikis, Jam Sessions oder Speed-Geekings, um die Perspektiven und Meinungen von tausenden von Mitarbeitern einzuholen[261]. In Speed-Geekings haben Teilnehmer genau eine Minute Zeit um Antworten auf wichtige Fragen zu geben. Société Générale lud sechzehntausend Mitarbeiter ein, um seine Transformation zu bewerkstelligen. Über Social-Media-Funktionalitäten konnte sich die Organisation aktiv zu drei Themen einbringen: Steigerung des Kundennutzens, Verbesserung der Kooperation zwischen den Mitarbeitern und Gestalten das IT-Systems, das den Wandel unterstützen sollte. Mehr als tausend Vorschläge für Handlungsfelder sind entstanden. Die besten wurden dem CEO und dem Top Management zur Bewertung und Auswahl vorgelegt[262]. Damit erhöht sich nicht nur die Qualität der Vorschläge, mithin die Effektivität der Strategieinhalte. Das Vorgehen wirkt sich ebenso positiv auf die Mobilisierung der Organisation aus, was Akzeptanz und Umsetzungswahrscheinlichkeit der Maßnahmen entscheidend beeinflusst.

2. Schaffen Sie Unabhängigkeit

Drei der größten Hindernisse für gute Gruppenentscheidungen sind Autoritätshörigkeit, eine Konformitätskultur und Gruppendruck. Als Erich Honecker im Jahre 1989 zur Wiedereröffnung des Doms nach Greifswald reiste, sah er die Stadt in voller Pracht, aufwändig renovierte Häuser in strahlenden und frischen Farben. Die Realität war bekanntlich eine andere. Noch Jahre nach dem Besuch erkannte man im Straßenbild die Route, die Honecker zum Dom genommen hatte. Die Kreisbehörden der SED hatten ein wahres Potemkinsches Dorf errichtet: Von den verwahrlosten Straßenzügen, den blinden Fenstern und den verfallenen Jugendstilbauten war auf der Besuchsroute nichts zu sehen[263]. Man renovierte genau jene Straßenzüge, die im Blickfeld Honeckers lagen. Nicht die trostlose Realität wurde ihm präsentiert, sondern die DDR, so wie er sie – der Meinung der SED-Funktionäre zufolge – sehen wollte. Was lehrt uns diese Anekdote: Als Vorstand sind Sie einsam an der Spitze, bisweilen eingesponnen in Ihren Kokon. Jede Information von der Basis nach oben wird gefiltert, vielfach schöngefärbt. Wenn es Ihnen nicht gelingt, eine Kultur zu schaffen, in der offen kommuniziert wird und Informationen ungefiltert nach oben gelangen, verlieren Sie bald die Realität aus den Augen. Achten Sie vor allem darauf, wie Sie mit schlechten Nachrichten umgehen. Werden Überbringer schlechter Nachrichten „geköpft", dann können Sie sicher sein, dass Ihnen Ihre Mitarbeiter alsbald nur gute Nachrichten präsentieren. Umgeben Sie sich mit Mitarbeitern, die Ihnen ebenbürtig sind und die Ihnen offen ihre Meinung sagen. Die Führungspraxis zeigt anderes: „Viele Manager versammeln

Kapitel 6: Management im Zeitalter der digitalen Transformation

Jasager und Kopfnicker um sich. Das ist das Verheerendste, was geschehen kann, und endet früher oder später in einem kollektiven Realitätsverlust."[264] Konformität und Gruppendruck sind zwei weitere Probleme. Aber auch ihnen kann man entgegenwirken. Halten Sie sich als Führungskraft in Diskussionen bewusst zurück. Offenbaren Sie nämlich Ihre Meinung zu früh, schließen sich wahrscheinlich einige Mitarbeiter schnell an. Beauftragen Sie einen „Advocatus diaboli", der offiziell die Aufgabe hat, gegen die Gruppenmeinung zu reden und den Teufel an die Wand zu malen. Ein effektives Instrument kann auch die PreMortem-Methode sein[265]: Teammitglieder nehmen an, dass die Entscheidung, die gerade getroffen wurde, bereits umgesetzt ist. Sie schlüpfen in die Rolle eines Journalisten und das unter der Hypothese, das Projekt sei furchtbar gescheitert, betraut mit der Aufgabe, einen Zeitungsartikel darüber zu verfassen. Diese einfache Übung fördert schnell wichtige Entscheidungsparameter zu Tage, die man vollkommen übersehen hatte.

3. Greifen Sie auf dezentrales Wissen zu

Das Wissen in der Organisation ist verteilt. Nicht selten hat Spezialwissen, das an einzelnen Standorten oder Abteilungen gebündelt ist, keine Chance zu den Entscheidungsträgern vorzudringen. Es bedarf an Mechanismen, die Zugang zu diesem Wissen gewährleisten. Eine Lösung finden wir bei Hilti in Form eines Wiki-basierten Ansatzes, um dezentrales Wissen zu sammeln und zu aggregieren[266]. Mehr als 3.500 Mitarbeiter haben Zugang und können wettbewerbsrelevante Informationen in leichter und strukturierter Weise einpflegen. Mitarbeiter im Vertrieb, die pro Tag viele Kundenkontakte pflegen, erfahren viel über Preisaktionen, Innovationen, Marktinitiativen usw. der Konkurrenz. Mit einer einfachen App werden diese Informationen vor Ort aufgenommen. Die Daten werden zunächst auf regionaler, dann auf Business Unit-Ebene und dann schließlich auf Corporate Market Research-Ebene aggregiert und sind wichtige Orientierungspunkte bei strategischen, taktischen und operativen Entscheidungen von Hilti.

4. Aggregieren Sie Wissen auf effektive Weise

Im einfachsten Fall bilden Sie Mittelwerte – so wie im Eingangsbeispiel Sir Francis Galton auf der West of England Fat Stock and Poultry Exhibition. Wikis und Peer Review Systeme sind schon deutlich komplexer. Wenn Mitarbeiter die Möglichkeit haben, andere Ideen zu bewerten, zu kommentieren und eigene Ergänzungen einzubringen, haben Sie wahrscheinlich ähnliche Qualitätseffekte: „With enough eyeballs all bugs are shallow!".

Sie können aber auch noch wesentlich komplexere Methoden verwenden – Stichwort Prediction Markets. Diese bauen auf eine einfache Idee auf: Friedrich Hayek argumentierte bereits 1945, dass Märkte die effizientesten Mechanismen sind, um Informationen zu aggregieren.[267] Prediction Markets sind virtuelle Plattformen, die zur Prognose von Ereignissen verwendet werden. Sie funktionieren nach dem Prinzip virtueller Aktienmärkte und weisen unter den richtigen Voraussetzungen unglaubliche Prognosegenauigkeiten auf. Stellen Sie sich folgendes Experiment vor[268]: Eine Gruppe von etwa 60 zufällig ausgewählten und über Facebook kontaktierten Skifans bekommen die neuesten Innovationen der Skihersteller präsentiert. Sie können virtuelle Aktien an den Innovationen kaufen und damit handeln. Die Fragestellung ist: Wie hoch wird der Marktanteil der jeweiligen Skiinnovation sein? Der Aktienkurs in diesem Spiel indiziert die Marktchancen eines Modells. Glaubt ein Teilnehmer, eine Aktie ist unterbewertet (d. h. dieses Skimodell hat bessere Chancen am Markt als es der derzeitige Kurs widerspiegelt), wird er kaufen. Im umgekehrten Fall wird er verkaufen. Alles nur ein Spiel? Keineswegs. Durch diesen virtuellen Markt wird sämtliches Wissen der Teilnehmer effizient aggregiert. Ist eine Gruppe von 60 beliebig ausgewählten Facebook-Usern wirklich in der Lage qualifizierte Prognosen abzugeben? Sie werden staunen: Im Mai des Folgejahres erhalten wir die tatsächlichen Verkaufszahlen der Skihersteller. Die Prognosegenauigkeiten liegen bei beeindruckenden 95,5 und 97,5 Prozent! Lediglich bei einem Produkt lag der Prediction Market mit einer Abweichung von 9 Prozent leicht daneben. Hier war allerdings das Handelsvolumen recht gering. Unter den richtigen Voraussetzungen – Diversität, Unabhängigkeit,

Kapitel 6: Management im Zeitalter der digitalen Transformation

Dezentralisierung und effiziente Informationsaggregation – kann die Wisdom of the crowd bessere Entscheidungen hervorbringen als ausgewiesene Experten.

Siemens lancierte 2009 die Techno Web 2.0 Plattform. Jeder registrierte Mitarbeiter erhält die Möglichkeit, komplexe technische Probleme zu posten oder Unterstützung in Umsetzungsfragen zu bekommen[269]. Vier Jahre später diskutieren 32.000 User in hunderten von verschiedenen Themengruppen. Dr. Manfred Langen, über Jahre mit Siemens Wissensmanagementfragen verbunden, meint dazu: „Die kollektive Intelligenz kann durch Unterstützung von Social Media effizient genutzt werden, es erlaubt auch eine gruppenübergreifende Interaktion der Mitarbeiter."[270] Jeder User hat ein Profil, das seine Aktivitäten in der Community und der Plattform widerspiegelt und das es ihm ermöglicht, seine eigenen Netzwerke aufzubauen. Wissen wird aggregiert: „The system's bots crawled and consolidated all existing technology-related wikis, blogs, and collaboration repositories, thereby enabling global search and user-generated tagging of knowledge concepts"[271]. Einer Harvard Business School Case Study zufolge war Techno Web 2.0 ein großer Erfolg: „Users reported saving days, and even months, of work by finding answers, hidden knowledge, cost-saving ideas and access to suppliers and technologies through TechnoWeb."[272]

Entlang dieser vier Schritte gelingt es, die kollektive Intelligenz, also Wissen innerhalb, aber auch außerhalb der Grenzen Ihres Unternehmens, zu nutzen. Sie werden mehr und Sie werden vor allem mehr diverse Ideen erhalten, bessere Entscheidungen treffen und letztlich motiviertere und engagiertere Mitarbeiter haben. Effektivität, Effizienz und Mobilisierung als die drei zentralen Hebel erfolgreicher (digitaler) Transformationsprozesse werden positiv berührt.

… und zum Abschluss

Beenden wollen wir das Buch mit je einer Weisheit von Marcus Porcius Cato Censorius und Lou Gerstner. Marcus Porcius Cato Censorius, römischer Feldherr, Geschichtsschreiber, Schriftsteller und Staatsmann, war als Senator entschiedener Befürworter der Zerstörung Karthagos. Jede einzelne seiner Reden im Senat pflegte er mit „Ceterum censeo Carthaginem esse delendam" zu beenden (Im Übrigen bin ich der Meinung, dass Karthago zerstört werden muss). Unermüdlich bearbeitete er die Senatsmitglieder bis das Ziel der Zerstörung Karthagos jedem einzelnen bekannt war und schließlich zur Selbstverständlichkeit wurde. Tatsächlich kam es im letzten Lebensjahr des Feldherrn zum Ausbruch des Dritten Punischen Krieges, der zur völligen Zerstörung Karthagos führte. Letztendlich entscheiden in der Strategie und in der Führung die Konsequenz und die Beharrlichkeit in der Umsetzung. Das gilt auch für die digitale Transformation.

Lou Gerstner, der in den 1990er Jahren die totgesagte IBM zurück auf Erfolgskurs brachte, betont aus seiner Zeit von IBM folgende drei Lektionen[273]: Focus, Execution and Personal Leadership. „Execution" sei nach seiner Erfahrung das, was wahre Führungskräfte von anderen unterscheidet: „So, execution is really the critical part of a successful strategy. Getting it done, getting it done right, getting it done better than the next person is far more important than dreaming up new visions for the future … Execution is the tough, difficult, daily grind of making sure the machine moves forward meter by meter, kilometer by kilometer, milestone by milestone. Accountability must be demanded, and when it is not met, changes must be made quickly. Managers must be asked to report on their performance and explain their successes and failures. Most important, no credit can be given for predicting rain – only for building arks." Dem ist nichts hinzuzufügen.

Anmerkungen

1. (Schwab, 2016)
2. (C. Christensen, Matzler, & Friedrich von den Eichen, 2011)
3. (Chambers, 2015)
4. (Frey & Osborne, 2013)
5. (Brzeski & Burk, 2015)
6. (Frey & Osborne, 2015)
7. (Brynjolfsson & McAfee, 2014; Ford, 2015)
8. (Polt, 2015)
9. (Polt, 2015)
10. Z. B. (Cole, 2015)
11. (BDI, 2015)
12. (Friedrich von den Eichen, 2016), abrufbar auf YouTube: http://www.buendnis-fuer-industrie.de/videos/video_eichen.mp4.
13. (Ernst&Young, 2015)
14. Quelle: EU Startups und Tech.EU, zitiert in Il Sole 24 Ore, 10. Mai 2016, S. 41
15. (Chakravorti, Tunnard, & Chaturvedi, 2015)
16. Gemessen über vier Faktoren supply-side factors (including access, fulfillment, and transactions infrastructure); demand-side factors (including consumer behaviors and trends, financial and Internet and social media savviness); innovations (including the entrepreneurial, technological and funding ecosystems, presence and extent of disruptive forces and the presence of a start-up culture and mindset); and institutions (including government effectiveness and its role in business, laws and regulations and promoting the digital ecosystem)
17. (Bughin et al., 2016)
18. http://www.adidas.de/micoach-smart-ball/G83963.html
19. (Arons, van den Driest, & Weed, 2014)
20. (Westerman, Bonnet, & McAfee, 2014)
21. https://www.millwardbrown.com/docs/default-source/optimor-downloads/marketing-2020.pdf?sfvrsn=2
22. Aktuatoren: Antriebselemente, die elektrische Signale in Bewegung oder andere physikalische Größen wie Temperatur oder Druck umsetzten
23. http://www.zeit.de/news/2016-01/05/elektronik-it-branche-schnelle-digitalisierung-aller-lebensbereiche-05185603
24. (Kagermann, Wahlster, & Helbig, 2013)
25. (BCG, 2015)
26. (BCG, 2014)
27. Quelle: Format, 29-30, 2015, S. 25
28. (Manyika, 2015)

[29] (Manyika, 2015)
[30] (Manyika, 2015)
[31] (Kamp, 2016)
[32] (Porter & Heppelmann, 2014)
[33] (Balztet, 2015)
[34] (BDI, 2015)
[35] (www.adidas-group.com)
[36] Siehe hierzu (Iansiti & Lakhani, 2014)
[37] Quelle: in Anlehnung an (Fleisch, Weinberger, & Wortmann, 2014)
[38] https://de.wikipedia.org/wiki/Nest_Labs
[39] http://www.harvardbusinessmanager.de/blogs/internet-4-0-was-fuer-google-den-wert-von-nest-ausmacht-a-1012129.html
[40] Forrester Research, zitiert in: The Economist, The Internet of Things, 2016, http://www.economist.com/news/business/21700380-connected-homes-will-take-longer-materialise-expected-where-smart
[41] http://www.sueddeutsche.de/digital/2.220/messenger-whatsapp-hat-mehr-als-eine-milliarde-nutzer-1.2845262
[42] Economist (2015). The message is the medium. Abgerufen unter: http://www.economist.com/news/business/21647317-messaging-services-are-rapidly-growing-beyond-online-chat-message-medium
[43] (Downes & Nunes, 2014)
[44] Peter Diamandis (2016), 64 Billion Messages in 24 Hours: Key Takeaways From WhatsApp's Massively Disruptive Statistics, abgerufen unter: http://www.huffingtonpost.com/entry/64-billion-messages-in-24_b_5160021
[45] Elliot Holley (2016): Indian bank launches WhatsApp, Facebook, Twitter mobile payment http://www.bankingtech.com/297431/axis-bank-india-launches-whatsapp-facebook-twitter-mobile-payments/
[46] (Van Alstyne, Parker, & Choudary, 2016)
[47] (Kurzweil, 1999)
[48] (Boyer & Merzbach, 2011)
[49] (Arons et al., 2014; Brynjolfsson & McAfee, 2014)
[50] (Moore, 1965)
[51] (Wengenmayr, 2016)
[52] (Wengenmayr, 2016)
[53] (Moore, 1965)
[54] (Brynjolfsson & McAfee, 2012)
[55] (Diamandis & Kotler, 2016)
[56] (Ismail, 2014)
[57] (Ismail, 2014)
[58] Cisco IBSG projections, UN Economic & Social Affairs, http://www.un.org/esa/population/publications/longrange2/WorldPop2300final.pdf

Anmerkungen

59 Hier sind allerdings auch nicht-monetäre Größen wie Zeitersparnisse mit eingerechnet, (Manyika, 2015)
60 Quelle: Cisco IBSG projections, UN Economic & Social Affairs, http://www.un.org/esa/population/publications/longrange2/WorldPop2300final.pdf
61 Siehe hierzu und zu den folgenden Ausführungen (Manyika, 2015)
62 (Manyika, 2015)
63 (Manyika et al., 2013)
64 (Manyika, 2015)
65 (Evans & Forth, 2015)
66 Schätzung von Ericsson: https://www.ericsson.com/news/1925907
67 (Mayer-Schönberger & Kukier, 2013)
68 (Ginsberg et al., 2009)
69 (McAfee, Brynjolfsson, Davenport, Patil, & Barton, 2012)
70 (Mayer-Schönberger & Kukier, 2013)
71 (Mayer-Schönberger & Kukier, 2013)
72 (Davenport, Barth, & Bean, 2012)
73 (Mayer-Schönberger & Kukier, 2013)
74 (Ismail, 2014)
75 (McAfee et al., 2012)
76 (Mayer-Schönberger & Kukier, 2013)
77 (King, 2014)
78 (Mayer-Schönberger & Kukier, 2013)
79 (BITCOM, 2015a)
80 (BITCOM, 2015a)
81 (Chen, Chiang, & Storey, 2012)
82 (BITCOM, 2015a)
83 (Anderson, 2012)
84 (Kietzmann, Pitt, & Berthon, 2015)
85 Gartner, Presseaussendung http://www.gartner.com/newsroom/id/3139118
86 Quellen: (D'Aveni, 2015) Gartner, Presseaussendung http://www.gartner.com/newsroom/id/3139118
87 Peter Diamandis, Blogeintrag: http://www.diamandis.com/blog/3d-print-me-a-jet-engine-or-a-car
88 (WORLD_ECONOMIC_FORUM, 2015)
89 (D'Aveni, 2015)
90 Die Welt, http://www.welt.de/wirtschaft/article151188844/Airbus-startet-Produktion-mit-3-D-Druckern.html
91 Die Welt, http://www.welt.de/wirtschaft/article155658067/Die-Speedfactory-ist-fuer-Adidas-eine-Revolution.html
92 (Ankenbrand, 2015)
93 (Raskino & Waller, 2015)
94 Der Spiegel, 17.04.1978
95 (Ford, 2015)
96 (Manyika et al., 2013)
97 (Ford, 2015)

[98] International Federation of Robotics, http://www.ifr.org/industrial-robots/statistics/
[99] (Hollinger, 2016)
[100] (Manyika et al., 2013)
[101] (Ford, 2015)
[102] Quelle: (Baurmann, 2015)
[103] IBM The DeepQA Research Team, http://researcher.watson.ibm.com/researcher/view_group.php?id=2099#3
[104] Siehe hierzu das IBM Demonstrationsvideo, entwickelt zu reinen Informationszwecken
[105] IBM, https://www-05.ibm.com/de/watson/gesundheitswesen.html
[106] (Telgheder, Der Doktor und sein Computer)
[107] (Bostrom, 2014)
[108] (Frey & Osborne, 2013)
[109] (Bostrom, 2014)
[110] Siehe dazu (Bostrom, 2014)
[111] (Manyika et al., 2013)
[112] nicht alle davon sind tatsächlich disruptiv, siehe dazu Kapitel 5
[113] (Brynjolfsson & McAfee, 2014)
[114] (Brynjolfsson & McAfee, 2014)
[115] (Weitzman, 1998)
[116] (Diamandis & Kotler, 2016) (Diamandis & Kotler, 2012)
[117] Peter Diamandis, Peter Diamandis: In der Zukunft leben wir im Überfluss, TEDEX, 2012
[118] (Matzler, Anschober, & Friedrich von den Eichen, 2016)
[119] (Gassmann, Frankenberger, & Csik, 2013)
[120] (Moon, 2015)
[121] (Vorauer, 2016)
[122] (Keese, 2014)
[123] So zitiert in: (Keese, 2014)
[124] Siehe hierzu die Beschreibungen im Harvard Business School Case: (Moon, 2015)
[125] (Downes & Nunes, 2013)
[126] (Downes & Nunes, 2013) (Downes & Nunes, 2014)
[127] Zu den Arbeitsprinzipien von Silicon Valley Start-ups siehe vor allem (Ries, 2011)
[128] (Downes & Nunes, 2013)
[129] (Rogers, 2010)
[130] (Brynjolfsson & McAfee, 2014)
[131] (Downes & Nunes, 2014)
[132] Computerwoche (2015). Autobauer und Silicon Valley im Wettlauf um das Auto der Zukunft. Abgerufen unter: http://www.computerwoche.de/a/autobauer-und-silicon-valley-im-wettlauf-um-das-auto-der-zukunft,3215329.
[133] (Keese, 2014)
[134] Quelle: (Boluk, 2015)
[135] (Diamandis & Kotler, 2012)
[136] (Anderson, 2009)

[137] (Rifkin, 2014)
[138] (Rifkin, 2014)
[139] (Atkinson, Ezell, Andes, Castro, & Bennett, 2010)
[140] (Boluk, 2015)
[141] (Anderson, 2009)
[142] (Brynjolfsson & Oh, 2012)
[143] (Coase, 1937)
[144] (Hoffmann, 1993)
[145] (Anderson, 2012)
[146] (Kilimann, 2015)
[147] Crowdsourcing beschreibt einen Ansatz, bei dem Tätigkeiten, die normalerweise innerhalb eines Unternehmens durchgeführt werden, an eine anonyme Masse ausgelagert werden, zumeist in Form eines Wettbewerbes, (Howe, 2008)
[148] (Köver, 2015)
[149] (Lakhani, Garvin, & Lonstein, 2010)
[150] (Barney, 1991)
[151] (Prahalad & Hamel, 1990)
[152] (Wernerfelt, 1984)
[153] (Ismail, 2014)
[154] (Rifkin, 2000)
[155] (Matzler, Veider, & Kathan, 2015)
[156] (Koren, 2010)
[157] Henry Ford, 1908, zitiert in: (Matzler, Müller, & Mooradian, 2013)
[158] (Koren, 2010)
[159] (Koren, 2010)
[160] (Koren, 2010)
[161] In Anlehnung an: (Koren, 2010) Siehe auch: (Bauernhansl, Ten Hompel, & Vogel-Heuser, 2014)
[162] (BITCOM, 2015b)
[163] BMWI: Industrie 4.0: Digitalisierung der Wirtschaft, http://www.bmwi.de/DE/Themen/Industrie/industrie-4-0.html
[164] (Rifkin, 2014)
[165] (Anderson, 2012)
[166] (Rifkin, 2014)
[167] (Anderson, 2012)
[168] (BCG, 2015)
[169] (BDI, 2015)
[170] (C. M. Christensen & van Bever, 2014) (C. Christensen, 2012)
[171] Basierend auf (C. M. Christensen & van Bever, 2014)
[172] (Keese, 2014)
[173] (Meck & Weiguny, 2015)
[174] (Meck & Weiguny, 2015)
[175] (C. Christensen et al., 2011)
[176] Siehe hierzu (C. Christensen et al., 2011)
[177] (Lucas & Goh, 2009)
[178] (Brynjolfsson & McAfee, 2014)

179 Für eine ausführliche Diskussion siehe z. B. (Tellis, 2006) Siehe auch (C. Christensen et al., 2011)
180 (Lucas & Goh, 2009)
181 (C. Christensen et al., 2011)
182 (C. Christensen et al., 2011)
183 Siehe auch hierzu die ausführlichen Beschreibungen und Analysen in (C. Christensen et al., 2011)
184 (Boluk, 2015)
185 Universal Music Group, Warner Music Group, EMI Group und Sony Music Entertainment
186 (C. Christensen et al., 2011)
187 (Honey, 2016)
188 Siehe (Honey, 2016)
189 (Lucas & Goh, 2009)
190 (C. Christensen, 1997)
191 (C. Christensen et al., 2011)
192 (C. M. Christensen & Overdorf, 2000)
193 Clayton Christensen unterscheidet Low-End-Disruptions und New-Market-Disruptions, wir fügen eine dritte Art der Disruption hinzu: High-End-Disruptions
194 (Bradley, Loucks, Macaulay, Noronha, & Wade, 2015)
195 (BCG, 2015)
196 siehe ausführlich zu Barrieren und Geschäftsmodellinnovationen (Friedrich von den Eichen, Freiling, & Matzler, 2015)
197 Z. B. (BDI, 2015) (Bradley et al., 2015)
198 (Friedrich von den Eichen, 2015)
199 (Immelt, Govindarajan, & Trimble, 2009)
200 Siehe zur Definition von Geschäftsmodell (Matzler, Bailom, Friedrich von den Eichen, & Kohler, 2013); (Friedrich von den Eichen, 2010)
201 (Richter, 2013)
202 Siehe hierzu zum Beispiel (Richter, 2013)
203 (Keese, 2014)
204 (Keese, 2014)
205 (Dierig, 2016)
206 (Keese, 2014)
207 Gisbert Rühl, im Interview mit dem Handelsblatt: „Wir wollen die Mentalität übertragen", 04.04.2016
208 (Dobbs, Koller, & Ramaswamy, 2015)
209 (Cauz, 2013a)
210 (Cauz, 2013b)
211 (Giles, 2005)
212 (Markoff, 1994)
213 (Cauz, 2013b)
214 (Cauz, 2013b)
215 (Frenkel, 2012)
216 (Channik, 2014)

Anmerkungen

[217] Der Übergang vom Geschäftsmodell zur Geschäftslogik beginnt für uns damit, dass Führungskräfte ihr Geschäftsmodell bewusst reflektieren. Isolierte Orientierungsgrößen verlieren zugunsten einer integrierten Steuerungslogik an Bedeutung. Diese Steuerungslogik bezieht Marktanforderungen und Kernkompetenzen, die eigene Positionierung, die Produktwelten, die Wertschöpfungslogik, das Erlösmodell mit ein. Stimmigkeit, Einzigartigkeit und Zukunftsfähigkeit machen schließlich eine Geschäftslogik aus. Es sind jene Kriterien, die wir an die Strategiearbeit von heute anlegen – und die am Ende über die Performance bestimmen.

[218] (Cauz, 2013b)
[219] (Cauz, 2013b)
[220] (Osterwalder & Pigneur, 2011)
[221] siehe dazu den Erfahrungsbericht über kompetenzgeleitete, disruptive Innovationen bei (Friedrich von den Eichen, Cotiaux & Wildhirt, 2015)
[222] (Bailom, Matzler, & Tschemernjak, 2013)
[223] Die folgenden Ausführungen basieren auf mehreren Beiträgen der Autoren in der Zeitschrift IMP Perspectives: (Matzler, Anschober, et al., 2016) (Friedrich von den Eichen, Matzler, & Anschober, 2016) (Friedrich von den Eichen, Matzler, & Vollrath, 2015)
[224] (Whittington, Cailluet, & Yakis-Douglas, 2011) (Matzler, Füller, Koch, Hautz, & Hutter, 2014)
[225] (Chesbrough, 2003)
[226] (Stieger, Matzler, Chatterjee, & Ladstaetter-Fussenegger, 2012)
[227] (Tapscott & Williams, 2008)
[228] http://www.infomine.com/index/pr/Pa065434.PDF
[229] (Jeppesen & Lakhani, 2010)
[230] (Gassmann et al., 2013)
[231] http://www.organische-chemie.ch/chemie/2008okt/nobelpreis.shtm
[232] (Klein, 2013)
[233] (Klein, 2013)
[234] (Zook & Allen, 2001)
[235] (McArdle, 2014)
[236] (Heger, 2016)
[237] Peter Skillman, zitiert in: (McArdle, 2014)
[238] (Keese, 2014)
[239] (Ries, 2014)
[240] (Blank, 2013)
[241] (Blank, 2013)
[242] Zitiert in: (Keese, 2014)
[243] (Ries, 2014)
[244] (Thiel & Masters, 2014)
[245] (Thiel & Masters, 2014)
[246] Nach Gerard Tellis
[247] Zitiert in (Anthony, 2014)
[248] (Buchenau M., Höpfner, Postinett, Schröder, & M., 2016)

[249] (Buchenau M. et al., 2016)
[250] (Weiblen & Chesbrough, 2015)
[251] (Weiblen & Chesbrough, 2015)
[252] (Weiblen & Chesbrough, 2015)
[253] Zitiert in: (Weiblen & Chesbrough, 2015)
[254] Dieser Abschnitt basiert auf folgenden Publikationen der Autoren: (Matzler & Friedrich von den Eichen, 2014) (Matzler, Strobl, & Bailom, 2016)
[255] (Hamel & Breen, 2007)
[256] (Surowiecki, 2004)
[257] (Page, 2008)
[258] (Hewlett, Marshall, & Sherbin, 2013)
[259] (Granovetter, 1973)
[260] (Govindarajan & Trimble, 2010)
[261] (Stieger et al., 2012)
[262] (Westerman et al., 2014)
[263] (Keppner, 2010)
[264] (Schmid, 2005)
[265] (Klein, 2003)
[266] (Matzler, Strobl, et al., 2016)
[267] (Hayek, 1945)
[268] (Matzler, Grabher, Huber, & Füller, 2013)
[269] (Lakhani, Hutter, Pokrywa, & Fuller, 2013)
[270] www.siemens.com/innovation/apps/pof_microsite/_pof-spring-2011/_html_en/social-media.html
[271] (Matzler, Strobl, et al., 2016)
[272] (KR Lakhani et al., 2013)
[273] (Gerstner, 2002)

Literatur

Anderson, C. (2009). *Free-kostenlos: Geschäftsmodelle für die Herausforderungen des Internets*: Campus Verlag.
Anderson, C. (2012). Makers: The New Industrial Revolution. *New York: Crown Business.*
Ankenbrand, H. (2015). Eine Villa aus dem 3d Drucker. *Frankfurter Allgemeine Zeitung* (06.03.2015).
Anthony, S. D. (2014). *The first mile: a launch manual for getting great ideas into the market*: Harvard Business Press.
Arons, M. d. S., van den Driest, F., & Weed, K. (2014). The ultimate marketing machine. *Harvard Business Review, 92*(7), 54–63.
Atkinson, R. D., Ezell, S., Andes, S. M., Castro, D., & Bennett, R. (2010). The internet economy 25 years after. com. *Information Technology and Innovation Foundation, 35.*
Bailom, F., Matzler, K., & Tschemernjak, D. (2013). *Was Top-Unternehmen anders machen: Mit Strategie, Innovation und Leadership zum nachhaltigen Erfolg*: Linde Verlag.
Balztet, S. (2015). Big Data auf dem Bauernhof. *Frankfurter Allgemeine Zeitung* (25.10.2015).
Barney, J. (1991). Firm resources and sustained competitive advantage. *Journal of management, 17*(1), 99–120.
Bauernhansl, T., Ten Hompel, M., & Vogel-Heuser, B. (2014). *Industrie 4.0 in Produktion, Automatisierung und Logistik: Anwendung· Technologien· Migration*: Springer-Verlag.
Baurmann, J. G. (2015). Willkommen, Kollege! *Die Zeit* (25. Juni 2015).
BDI, Roland Berger (2015). Die Digitale Transformation der Industrie–Eine europäische Studie von Roland Berger Strategy Consultants im Auftrag des BDI. *München, Berlin.*
BITCOM. (2015a). Big Data und Geschäftsmodell-Innovationen in der Praxis: 40+ Beispiele.
BITCOM. (2015b). Umsetzungsstrategie Industrie 4.0.
Blank, S. (2013). Why the lean start-up changes everything. *Harvard Business Review, 91*(5), 63–72.

Boluk, L. (2015). Ride or Die. Less Money, Mo' Mjusic & Lots of Problems: A Look at the Music Biz. *redef.com* (28.07.2015).

Boston Consulting Group. (2015). Industry 4.0. The future of producitivity and growth in manufacutring industries.

Bostrom, N. (2014). *Superintelligence: Paths, dangers, strategies*: OUP Oxford.

Boyer, C. B., & Merzbach, U. C. (2011). *A history of mathematics*: John Wiley & Sons.

Bradley, J., Loucks, J., Macaulay, J., Noronha, A., & Wade, M. (2015). *Digital Vortex. How Digital Disruption is Redefining Industries*: IMD and CISCO.

Brynjolfsson, E., & McAfee, A. (2012). *Race against the machine: How the digital revolution is accelerating innovation, driving productivity, and irreversibly transforming employment and the economy*: Brynjolfsson and McAfee.

Brynjolfsson, E., & McAfee, A. (2014). *The second machine age: Work, progress, and prosperity in a time of brilliant technologies*: WW Norton & Company.

Brynjolfsson, E., & Oh, J. H. (2012). *The Attention Economy: Measuring the Value of Free Digital Service on the Internet*. Paper presented at the Thirty Third International Conference on information Systems, Orlando.

Brzeski, C., & Burk, I. (2015). Die Roboter kommen. *Folgen für den deutschen Arbeitsmarkt, INGDiBa, Economic Reserach. Internet: https://www. ing-diba. de/pdf/ueberuns/presse/publikationen/ing-diba-economic-research-die-roboter-kommen. pdf[zuletzt aufgesucht am 12. 06.2015]*.

Buchenau M., Höpfner, A., Postinett, A., Schröder, M., & M., T. (2016). Neue Satelliten. *Handelsblatt*(04.04.2016).

Bughin, J., Hazan, E., Labaye, E., Manyika, J., Dahlström, P., Ramaswamy, S., & Cochin de Billy, C. (2016). *Digital Europe: Realizing the continent's potential*: McKinsey Global Institute.

Cauz, J. (2013a). Encyclopædia Britannica's President on Killing Off a 244-Year-Old Product. *Harvard Business Review, 91*(3), 39–42.

Cauz, J. (2013b). Hüter des Wissens. *Harvard Business Manager*(April), 2-8.

Chakravorti, B., Tunnard, C., & Chaturvedi, R. S. (2015). Where the digital economy is moving the fastest. *Harvard Business Review, 19*.

Chambers, J. (2015). In der Digitalisierung ist Europa führend. *Neue Züricher Zeitung* (29.08.2015).

Channik, R. (2014). Encyclopaedia Britannica sees digital growth, aims to draw new users. *Chicago Tribune* (10.09.2014).

Chen, H., Chiang, R. H., & Storey, V. C. (2012). Business Intelligence and Analytics: From Big Data to Big Impact. *MIS quarterly, 36*(4), 1165–1188.

Chesbrough, H. W. (2003). *Open Innovation. The new imperative for creating and profiting from technology*: Harvard Business School Press.

Christensen, C. (1997). The Innovator's Dilemma. *Harpers Business*.

Christensen, C. (2012). A capitalist's dilemma, whoever wins on Tuesday. *New York Times* (03.11.2012).

Christensen, C., Matzler, K., & Friedrich von den Eichen, S. (2011). *The Innovator's Dilemma. Warum etablierte Unternehmen den Wettbewerb um bahnbrechende Innovationen verlieren*. München: Vahlen Verlag.

Christensen, C. M., & Overdorf, M. (2000). Meeting the challenge of disruptive change. *Harvard Business Review, 78* (Februar), 66-77.

Christensen, C. M., & van Bever, D. (2014). The capitalist's dilemma. *Harvard Business Review, 92*(6), 60–68.

Coase, R. H. (1937). The nature of the firm. *economica, 4*(16), 386–405.

Cole, T. (2015). *Digitale Transformation*. München: Vahlen.

D'Aveni, R. (2015). The 3-D Printing revolution. *Harvard Business Review, 93*(5), 40–48.

Davenport, T. H., Barth, P., & Bean, R. (2012). How big data is different. *MIT Sloan Management Review, 54*(1), 43.

Diamandis, P. H., & Kotler, S. (2012). *Abundance: The future is better than you think*: Simon and Schuster.

Diamandis, P. H., & Kotler, S. (2016). *Bold: How to go big, create wealth and impact the world*: Simon and Schuster.

Dierig, C. (2016). Stahlhändler Klöckner in der China-Falle. *Die Welt* (01.03.2016).

Dobbs, R., Koller, T., & Ramaswamy, S. (2015). The future and how to survice it. *Harvard Business Review* (October), 48–56.

Downes, L., & Nunes, P. (2013). Big bang disruption. *Harvard Business Review*, 44–56.

Downes, L., & Nunes, P. (2014). *Big Bang Disruption: Strategy in the Age of Devastating Innovation*: Penguin.
Ernst&Young. (2015). Venture Capital Insights.
Evans, P., & Forth, P. (2015). Navigating a World of Digital Disruption. *IEEE Engineering Management Review, 43*(3), 89-97.
Fleisch, E., Weinberger, M., & Wortmann, F. (2014). Geschäftsmodelle im Internet der Dinge. *HMD Praxis der Wirtschaftsinformatik, 51*(6), 812–826. doi:10.1365/s40702-014-0083-3
Ford, M. (2015). *Rise of the Robots: Technology and the Threat of a Jobless Future*: Basic Books.
Frenkel, K. A. (2012). Encyclopaedia Britannica Is Dead, Long Live Encyclopaedia Britannica. *Fast Company* (15.03.2012).
Frey, C. B., & Osborne, M. (2015). Technology at work: The future of innovation and employment. *Citi GPS: global perspectives & solutions*.
Frey, C. B., & Osborne, M. A. (2013). The future of employment. *How susceptible are jobs to computerisation*.
Friedrich von den Eichen, S. (2016). Wie zukunftsfähig ist die Zukunftsarbeit unserer Unternehmen? *Vortrag im Rahmen der BMWI-Industriekonferenz 2030* (16.02.2016).
Friedrich von den Eichen, S., Freiling, J., & Matzler, K. (2015). Why business model innovations fail. *Journal of Business Strategy, 36*(6), 29-38. doi:doi:10.1108/JBS-09-2014-0107
Friedrich von den Eichen, S., Matzler, K., & Anschober, M. (2016). Open Strategy – die Zweite. Oder frei nach Xavier Naidoo: Was wir alleine nicht schaffen, das schaffen wir dann zusammen. *IMP Perspectives, 7*, 33–39.
Friedrich von den Eichen, S., Matzler, K., & Vollrath, C. (2015). Open Strategy. Oder: Warum Strategiearbeit nicht länger exklusiv und geheim bleiben darf. *IMP Perspectives, 6*, 31–37.
Gassmann, O., Frankenberger, K., & Csik, M. (2013). *Geschäftsmodelle entwickeln: 55 innovative Konzepte mit dem St. Galler Business Model Navigator*: Carl Hanser Verlag.
Gerstner, L. V. (2002). Whos Says Elephants Can't Dance: Harper Business.
Giles, J. (2005). Internet encyclopaedias go head to head. *Nature, 438*(7070), 900–901.
Ginsberg, J., Mohebbi, M. H., Patel, R. S., Brammer, L., Smolinski, M. S., & Brilliant, L. (2009). Detecting influenza

epidemics using search engine query data. *Nature, 457*(7232), 1012–1014.

Govindarajan, V., & Trimble, C. (2010). The CEO's role in business model reinvention. *Harvard Business Review, 89*(1-2), 108–114, 180.

Granovetter, M. S. (1973). The strength of weak ties. *American journal of sociology*, 1360–1380.

Hamel, G., & Breen, B. (2007). *The future of management*: Harvard Business School Press.

Hayek, F. A. (1945). The use of knowledge in society. *The American economic review, 35*(4), 519-530.

Heger, M. (2016). *Das Silicon-Valley-Mindset*: Plassen Verlag.

Hewlett, S. A., Marshall, M., & Sherbin, L. (2013). How diversity can drive innovation. *Harvard Business Review, 91*(12), 30.

Hoffmann, A. (1993). Der Preis des Marktes. *Die Zeit* (30. April 1993).

Hollinger, P. (2016). Meet the cobots: humans and robots together on the factory floor. *Financial Times* (5. Mai).

Honey, C. (2016). Wer gibt den Ton an? *Technology Review* (August), 69-72.

Howe, J. (2008). *Crowdsourcing: How the power of the crowd is driving the future of business*: Random House.

Iansiti, M., & Lakhani, K. R. (2014). Digital Ubiquity: How Connections, Sensors, and Data Are Revolutionizing Business. *Harvard Business Review, 92*(11), 91–99.

Immelt, J. R., Govindarajan, V., & Trimble, C. (2009). How GE is disrupting itself. *Harvard Business Review, 87*(10), 56–65.

Ismail, S. (2014). *Exponential Organizations: Why new organizations are ten times better, faster, and cheaper than yours (and what to do about it)*: Diversion Books.

Jeppesen, L. B., & Lakhani, K. R. (2010). Marginality and problem-solving effectiveness in broadcast search. *Organization science, 21*(5), 1016–1033.

Kagermann, H., Wahlster, W., & Helbig, J. (2013). Umsetzungsempfehlungen für das Zukunftsprojekt Industrie 4.0. *Abschlussbericht des Arbeitskreises Industrie, 4*, 5.

Kamp, M. (2016). Hightech soll die Skigebiete retten. *Wirtschaftswoche* (25.03.2016).

Keese, C. (2014). *Silicon Valley: Was aus dem mächtigsten Tal der Welt auf uns zukommt*: Albrecht Knaus Verlag.

Keppner, J. (2010). *Berthold Beitz. Die Biographie.* Berlin.
Kietzmann, J., Pitt, L., & Berthon, P. (2015). Disruptions, decisions, and destinations: Enter the age of 3-D printing and additive manufacturing. *Business Horizons, 58*(2), 209–215.
Kilimann, S. (2015). Community, entwickle ein Auto. *Die Zeit* (3. August 2015).
King, S. (2014). *Big Data: Potential und Barrieren der Nutzung im Unternehmenskontext*: Springer-Verlag.
Klein, G. (2003). The power of intuition. *Currency-Doubleday, New York, NY*.
Klein, G. (2013). *Seeing what others don't: The remarkable ways we gain insights*: PublicAffairs.
Koren, Y. (2010). *The global manufacturing revolution: product-process-business integration and reconfigurable systems* (Vol. 80): John Wiley & Sons.
Köver, C. (2015). Rollen schon bald Autos aus dem 3D-Drucker über unsere Straßen? *Wired* (23.11.2015).
Kurzweil, R. (1999). *Homo sapiens: Leben im 21. Jahrhundert-was bleibt vom Menschen?*: Kiepenheuer und Witsch.
Lakhani, K., Garvin, D. A., & Lonstein, E. (2010). Topcoder (a): Developing software through crowdsourcing. *Harvard Business School General Management Unit Case* (610–032).
Lakhani, K., Hutter, K., Healy Pokrywa, S., & Fuller, J. (2013). Open innovation at Siemens. *Harvard Business School Case 613, 100*.
Lucas, H. C., & Goh, J. M. (2009). Disruptive technology: How Kodak missed the digital photography revolution. *The Journal of Strategic Information Systems, 18*(1), 46–55.
Manyika, J. (2015). *The Internet of Things: mapping the value beyond the hype*: McKinsey Global Institute.
Manyika, J., Chui, M., Bughin, J., Dobbs, R., Bisson, P., & Marrs, A. (2013). *Disruptive technologies: Advances that will transform life, business, and the global economy* (Vol. 12): McKinsey Global Institute San Francisco, CA.
Markoff, J. (1994). Britannica's 11 Million words are going on line. *The New York Times* (08.02.1994).
Matzler, K., Anschober, M., & Friedrich von den Eichen, S. (2016). Open Strategy – Die Erste. Oder: Ein Plädoyer für die Öffnung der Strategiearbeit. *IMP Perspectives, 7* (25–31).

Matzler, K., Bailom, F., Friedrich von den Eichen, S., & Kohler, T. (2013). Business model innovation: coffee triumphs for Nespresso. *Journal of Business Strategy, 34*(2), 30–37.

Matzler, K., Füller, J., Koch, B., Hautz, J., & Hutter, K. (2014). A New Strategy Paradigm?, in: Matzler et al. (Hrsg.): *Strategie und Leadership* (pp. 37–55): Springer.

Matzler, K., Grabher, C., Huber, J., & Füller, J. (2013). Predicting new product success with prediction markets in online communities. *R&D Management, 43*(5), 420-432.

Matzler, K., Müller, J., & Mooradian, T. (2013). *Strategisches Management: Konzepte und Methoden* (2. Auflage): Linde Verlag.

Matzler, K., Strobl, A., & Bailom, F. (2016). Leadership and the wisdom of crowds: how to tap into the collective intelligence of an organization. *Strategy & Leadership, 44*(1), 30–35.

Matzler, K., Veider, V., & Kathan, W. (2015). Adapting to the sharing economy. *MIT Sloan Management Review, 56*(2), 71.

Matzler, K., & Friedrich von den Eichen, S. F. (2014). Leadership 2.0: Fünf Thesen zur erfolgreichen Führung in Zeiten des Web 2.0, in: Matzler et al. (Hrsg.): *Strategie und Leadership* (pp. 57–70): Springer.

Mayer-Schönberger, V., & Kukier, K. (2013). *Big Data: die Revolution, die unser Leben verändern wird*: Redline Wirtschaft.

McAfee, A., Brynjolfsson, E., Davenport, T. H., Patil, D., & Barton, D. (2012). Big data. *Harvard Business Review, 90*(10), 61–67.

McArdle, M. (2014). *The up side of down: Why failing well is the key to success*: Penguin.

Meck, G., & Weiguny, B. (2015). Disruption, Baby, Disruption. *Frankfurter Allgemeine Zeitung* (27.12.2015).

Moon, Y. (2015). Uber: Changing the way the world moves. *Harvard Business Case 9-316-101*.

Moore, G. (1965). Cramming More Components Onto Integrated Circuits, Electronics, (38) 8.

Osterwalder, A., & Pigneur, Y. (2011). *Business Model Generation: Ein Handbuch für Visionäre, Spielveränderer und Herausforderer*: Campus Verlag.

Page, S. E. (2008). *The difference: How the power of diversity creates better groups, firms, schools, and societies*: Princeton University Press.

Polt, W. (2015). Technischer Wandel und Ungleichheit. *Austria Innovativ* (4-15), 12–14.

Porter, M. E., & Heppelmann, J. E. (2014). How smart, connected products are transforming competition. *Harvard Business Review, 92*(11), 64–88.

Prahalad, C., & Hamel, G. (1990). The Core Competence of the Corporation. *Harvard Business Review, 68*(3), 79–91.

Raskino, M., & Waller, G. (2015). *Digital to the Core: Remastering Leadership for Your Industry, Your Enterprise, and Yourself.* Bibliomotion: Brookline, MA.

Richter, M. (2013). Business model innovation for sustainable energy: German utilities and renewable energy. *Energy Policy, 62*, 1226–1237.

Ries, E. (2011). *The lean startup: How today's entrepreneurs use continuous innovation to create radically successful businesses*: Crown Books.

Ries, E. (2014). *Lean Startup: Schnell, risikolos und erfolgreich Unternehmen gründen*: Redline Wirtschaft.

Rifkin, J. (2000). Access. *Das Verschwinden des Eigentums, Frankfurt/M.*

Rifkin, J. (2014). Die Null-Grenzkosten-Gesellschaft. *Frankfurt ua*.

Rogers, E. M. (2010). *Diffusion of innovations*: Simon and Schuster.

Schmid, F. (2005). Der Manager-Macher. *Harvard Business Manager, 27* (April), 101–106.

Schwab, K. (2016). Die Vierte Industrielle Revolution. *Handelsblatt*(20.01.2016).

Stieger, D., Matzler, K., Chatterjee, S., & Ladstaetter-Fussenegger, F. (2012). Democratizing Strategy. *California Management Review, 54*(4), 44–68.

Surowiecki, J. (2004). *The wisdom of crowds: why the many are smarter than the few and how collective wisdom shapes business, economics, society and nations*: Little, Brown.

Tapscott, D., & Williams, A. D. (2008). *Wikinomics. How mass collaboration changes everything*: Penguin.

Telgheder, M. (Der Doktor und sein Computer). Handelsblatt. (05.04.2016).

Tellis, G. J. (2006). Disruptive technology or visionary leadership? *Journal of Product Innovation Management, 23*(1), 34–38.

Thiel, P., & Masters, B. (2014). *Zero to one: Wie Innovation unsere Gesellschaft rettet*: Campus Verlag.

Van Alstyne, M. W., Parker, G. G., & Choudary, S. P. (2016). Pipelines, Platforms, and the New Rules of Strategy. *Harvard Business Review, 94*(4), 54–62.

Vorauer, M. (2016). Uber-Österreich-Chef: "Wir vergrößern den Markt". *Wirtschaftsblatt*(09.06.2016).

Weiblen, T., & Chesbrough, H. W. (2015). Engaging with startups to enhance corporate innovation. *California Management Review, 57*(2), 66–90.

Weitzman, M. L. (1998). Recombinant growth. *Quarterly journal of Economics*, 331–360.

Wengenmayr, R. (2016). Endspiel für das Mooresche Gesetz. *Frankfurter Allgemeine Zeitung* (23.03.2016).

Wernerfelt, B. (1984). A resource-based view of the firm. *Strategic management journal, 5*(2), 171–180.

Westerman, G., Bonnet, D., & McAfee, A. (2014). *Leading digital: Turning technology into business transformation*: Harvard Business Press.

Whittington, R., Cailluet, L., & Yakis-Douglas, B. (2011). Opening strategy: Evolution of a precarious profession. *British Journal of Management, 22*(3), 531–544.

WORLD_ECONOMIC_FORUM. (2015). *Deep Shift: Technology Tipping Points and Societal Impact*. Paper presented at the World Economic Forum.

Zook, C., & Allen, J. (2001). *Profit from the Core*: Harvard Business School Press Boston, MA.

Stichwortverzeichnis

A
Adidas 18, 21, 41
Advanced Robotik 43
Advocatus diaboli 121
Airbus 40
Algorithmen 44
Amazon 36
Analytik 23
Angebotslogik 96, 98
Augmented Reality 20
Automatisierung der Wissensarbeit 47

B
Big Bang Disruption 53
Big Data 34, 35
Blockchain 79
Bosch 113
Brückner 36

C
Collaborative Machine 43
Corporate Incubation 114
Corporate Venturing 114
Cross-Fertilization 106
Crowdsourcing 62

D
dezentrales Wissen 121
Dezentralisierung 64, 117
Digitale Dienstleistungen 24
Digitale Disruption 75
digitale Wertschöpfung 22
Digitalisierung des Geschäftsmodells 99
Digitalisierung von Produkten und Dienstleistungen 17
Digitalkamera 75
Disruptive Innovation 77, 81, 84
Disruptive Technologien 47
Diversität 117
3D-Druck 38, 66, 67

E
Effizienzinnovationen 70
E-Nable 66
Encyclopaedia Britannica 94
Entwicklungen
– exponentielle 31
Ertragslogik 24, 97, 98
Evolutionäre Innovation 69, 83, 84
Exponentielle Entwicklungen 29

F
Fehlerkultur 113
Fintechs 49
Fokussierung 108
Führungsverständnis 115

G
General Electric 90
Geschäftslogik 91, 94, 97, 109

Geschäftsmodell 24, 95, 98
– disruptives 27
Goldcorp 102
Google 22, 35
Gratisökonomie 57

H
H1N1 34
High End Disruption 86
Hilti 121
Humangenomprojekt 31

I
IBM 125
IBM Watson 45
Industrie 4.0 19, 65, 69
Infosys 119
Innocentive 62, 104
Innovationsdiffusion 53
Innovation und Wachstum 71
Inside-out-Platform-Start-up-Programme 114
Internet der Dinge 32

J
Johne Deere 21

K
Kaggle 62
Kannibalisierung 99
Kernkompetenzen 61, 99, 108
Klöckner 93
Kodak 75
kognitive Diversität 118
Kombinatorik der Innovation 47
Konnektivität 23

kreative Verzweiflung 107
Kundennutzen 24
Künstliche Intelligenz 44, 46
Kura Sushi 43

L
Lageroptimierung 20
Lean Start-up-Methode 111
Light Rider 40
Local Motors 60
Low End Disruption 85

M
Makerspace 68
Marktgenerierende Innovationen 69
Mass Customization 65
Massenproduktion 64, 67
Metcalfe'sches Gesetz 51
minimal-funktionsfähiges Produkt 111
Momentum Machines 43
Monopolbildung 50
Moore'sches Gesetz 30
mp3 78
Musikindustrie 78

N
Nest 22
Netzwerkeffekt 50, 51, 52
New Market Disruption 86
Nightmare Competitor 94
Nike 18

O
open strategy 102
Optimierung von Prozessen 19

Outside-in-Start-up-Programme 114
Overengineering 85

P
PayPal 112
Personalisierung 64
Pivoting 111, 112
Positionierung 95, 98
Precision Farming 21
Prediction Markets 122
Predictive Maintenance 20, 36
PreMortem-Methode 121
Prince 58
Prinoth 20

R
Rethink Robotics 42
Robotik 42

S
SAP 115
Sensoren 23
Shapeways 41
Sharing Economy 56
Siemens 113, 123
Société Générale 119
Start-ups 84, 110, 113
Strati 60

T
Taleris 37
Target 36
Techshop 63
Tesco 63
The winner takes it all 50, 52
The wisdom of the crowds 116
Thingiverse 41
Top-Coder 60
Transaktionskosten 58

U
Uber 50, 52
Unicorn 15

V
Venture Capital 15
Vermarktungslogik 98

W
Weisheit der Vielen 116, 117
Wertschöpfung 22
Wertschöpfungslogik 96, 98
WhatsApp 27

Z
Zielgruppe 95
Zufall 106

Industrielle 3D-Drucker im täglichen Einsatz.

Leupold/Glossner
3D-Druck, Additive Fertigung und Rapid Manufacturing
2016. XI, 311 Seiten.
Gebunden € 79,–
ISBN 978-3-8006-5149-8

Portofrei geliefert:
vahlen.de/16022232

Dieser Praxisratgeber
bietet einen verständlichen Überblick über die technischen Grundlagen und rechtlichen Herausforderungen des industriellen 3D-Drucks. Viele Praxisbeispiele u.a. aus der Automobilbranche, der Luftfahrt, der Konsumgüterindustrie sowie Medizin veranschaulichen, was heute schon möglich ist und morgen selbstverständlich sein wird. Einen breiten Raum nehmen aber auch die rechtlichen Fragen ein.

Die Schwerpunkte
- Einsatzmöglichkeiten des industriellen 3D-Drucks
- Produktimitationen und wie Sie sich davor schützen
- Ersatzteile und Zubehör aus dem 3D-Drucker
- Produkthaftung und Produzentenhaftung
- Vertragliche Absicherung

Erhältlich im Buchhandel oder bei: **vahlen.de** | Verlag Franz Vahlen GmbH | 80791 München | bestellung@vahlen.de | Preise inkl. MwSt. | 165756

Vahlen

So skalieren Sie Ihre Organisation.

Exponentielle Organisationen (ExO) wachsen nicht nur im Durchschnitt 10 Mal schneller als herkömmliche Unternehmen, sie benötigen dafür auch viel weniger Ressourcen.

Dieses Buch stellt die internen und externen Attribute exponentieller Organisationen vor. Es werden Fragen der Kommunikation, der Entscheidungsprozesse, der Informationsstruktur und des Managements beschrieben. Ferner wird dargestellt, wie ExOs unterschiedlicher Größe hinsichtlich Strategie, Struktur, Kultur, Prozesse und Schlüsselkennzahlen differieren. Und es wird beschrieben, wie man ein Start-up nach ExO-Schema aufbaut, wie man ExO-Praktiken in mittelgroße Unternehmen integriert und in großen Unternehmen »nachrüstet«.

Ismail/Malone/van Geest
Exponentielle Organisationen
Warum neue Unternehmen deutlich besser und schneller sind
2016. Rund 340 Seiten.
Gebunden ca. € 34,90
ISBN 978-3-8006-5254-9
In Vorbereitung für Ende 2016

Weitere Informationen:
vahlen.de/16441825

Vahlen